练习2-5
利用混合模式制作放大镜
视频文件
第2章\练习2-5 利用混合模式制作放大镜.avi

训练2-2
利用渐变填充制作立体小球
视频文件
第2章\训练2-2 利用渐变填充制作立体小球.avi

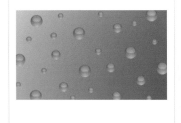

训练2-3
利用定义图案制作祥云背景
视频文件
第2章\训练2-3 利用定义图案制作祥云背景.avi

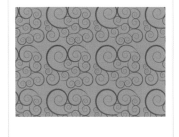

练习3-1
使用添加锚点工具制作水果图案
视频文件
第3章\练习3-1 使用添加锚点工具制作水果图案.avi

训练3-3
利用多边形工具绘制蜂巢效果
视频文件
第3章\训练3-3 利用多边形工具绘制蜂巢效果.avi

练习4-4
利用"旋转工具"制作斜切图案
视频文件
第4章\练习4-4 利用"旋转工具"制作斜切图案.avi

练习4-5
利用"镜像工具"绘制礼物图案
视频文件
第4章\练习4-5 利用"镜像工具"绘制礼物图案.avi

练习4-6
利用混合及复制制作放射图案
视频文件
第4章\练习4-6 利用混合及复制制作放射图案.avi

练习6-1

使用"减去顶层"命令制作电影胶片

视频文件

第6章\练习6-1 使用"减去顶层"命令制作电影胶片.avi

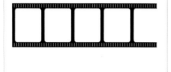

练习6-2

使用"分割"命令制作立体五角星

视频文件

第6章\练习6-2 使用"分割"命令制作立体五角星.avi

练习9-1

使用图表工具创建图表

视频文件

第9章\练习9-1 使用图表工具创建图表.avi

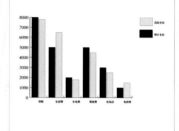

练习9-3

设计图表图案

视频文件

第9章\练习9-3 设计图表图案.avi

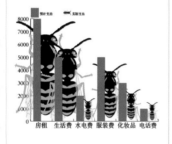

练习10-1

利用"3D"命令制作立体字

视频文件

第10章\练习10-1 利用"3D"命令制作立体字.avi

练习10-2

贴图的使用方法

视频文件

第10章\练习10-2 贴图的使用方法.avi

练习10-3

利用"收缩和膨胀"命令绘制四叶草

视频文件

第10章\练习10-3 利用"收缩和膨胀"命令绘制四叶草.avi

练习10-4

利用发光命令制作霓虹字

视频文件

第10章\练习10-4 利用发光命令制作霓虹字.avi

11.1

服装上新banner设计

视频文件

第11章\11.1 服装上新banner设计.avi

11.2

包包专题设计

视频文件

第11章\11.2 包包专题设计.avi

11.3

大促主题轮播图设计

视频文件

第11章\11.3 大促主题轮播图设计.avi

训练11-1

淘宝促销广告设计

视频文件

第11章\训练11-1 淘宝促销广告设计.avi

训练11-2

淘宝服饰广告图设计

视频文件

第11章\训练11-2 淘宝服饰广告图设计.avi

12.1

娱乐应用图标设计

视频文件

第12章\12.1 娱乐应用图标设计.avi

12.2

音乐播放界面设计

视频文件

第12章\12.2 音乐播放界面设计.avi

12.3

运动应用界面设计

视频文件

第12章\12.3 运动应用界面设计.avi

训练12-1

社交应用图标设计

视频文件

第12章\训练12-1 社交应用图标设计.avi

13.1

曲奇饼干包装设计

视频文件

第13章\13.1 曲奇饼干包装设计.avi

13.2

时尚科技手提袋设计

视频文件

第13章\13.2 时尚科技手提袋设计.avi

13.3

生鲜鱼肉包装设计

视频文件

第13章\13.3 生鲜鱼肉包装设计.avi

训练13-1

电池包装设计

视频文件

第13章\训练13-1 电池包装设计.avi

训练13-2

红酒包装设计

视频文件

第13章\训练13-2 红酒包装设计.avi

14.1

音乐主题海报设计

视频文件

第14章\14.1 音乐主题海报设计.avi

14.2

化妆品海报设计

视频文件

第14章\14.2 化妆品海报设计.avi

14.3

手绘主题海报设计

视频文件

第14章\14.3 手绘主题海报设计.avi

训练14-1

房地产吊旗海报设计

视频文件

第14章\训练14-1 房地产吊旗海报设计.avi

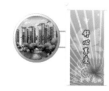

训练14-2

4G网络宣传招贴海报设计

视频文件

第14章\训练14-2 4G网络宣传招贴海报设计.avi

零基础学

Illustrator CC 2018

全视频教学版

水木居士 ◎ 编著

人民邮电出版社

北　京

图书在版编目（CIP）数据

零基础学Illustrator CC 2018：全视频教学版 / 水木居士编著. -- 北京：人民邮电出版社，2019.7
ISBN 978-7-115-50090-8

Ⅰ. ①零… Ⅱ. ①水… Ⅲ. ①图形软件 Ⅳ. ①TP391.412

中国版本图书馆CIP数据核字(2018)第255282号

内 容 提 要

这是一本全面介绍中文版 Illustrator CC 2018 基础功能及实际应用方法的书，本书针对入门级读者，是快速而全面地掌握 Illustrator CC 2018 的实用参考书。全书总 14 章，分为 4 篇，分别是入门篇、提高篇、精通篇和实战篇，以循序渐进的方法讲解 Illustrator CC 2018 的基本操作、颜色控制与填充技巧、基本图形的绘制技巧、图形的选择与变形、画笔与符号工具、修剪与混合、封套扭曲、格式化文字处理、图层与剪切蒙版、图表的设计及应用、效果的应用等，并安排了 4 章实战案例，深入剖析了利用 Illustrator CC 2018 进行淘宝宣传图设计、移动 UI 设计、商业包装与商业海报设计的方法和技巧，使读者尽可能多地掌握设计中的关键技术与设计理念。

随书提供丰富资源，包含本书所有练习和实战的素材文件、案例文件和多媒体教学视频。读者在学习的过程中，可以随时进行调用和播放学习。

本书适用于欲从事平面设计工作的读者阅读，也可作为社会培训学校、大中专院校相关专业的教学参考书或上机实践指导用书。

◆ 编　著　水木居士
责任编辑　张丹阳
责任印制　马振武

◆ 人民邮电出版社出版发行　北京市丰台区成寿寺路 11 号
邮编　100164　电子邮件　315@ptpress.com.cn
网址　http://www.ptpress.com.cn
临西县阅读时光印刷有限公司印刷

◆ 开本：700×1000　1/16
印张：15　　　　　　　　　彩插：2
字数：365 千字　　　　　　2019 年 7 月第 1 版
印数：1—3 000 册　　　　　2019 年 7 月河北第 1 次印刷

定价：59.00 元

读者服务热线：(010)81055410　印装质量热线：(010)81055316
反盗版热线：(010)81055315
广告经营许可证：京东工商广登字 20170147 号

前言
FOREWORD

Adobe 公司推出的 Illustrator 软件集矢量图形绘制、文字处理、图形高质量输入于一体，深受广大平面设计人员的青睐。Adobe Illustrator 已经成为出版、多媒体和在线图像领域的开放性工业标准插画软件。无论您是一个新手还是平面设计专家，Adobe Illustrator 都能为您提供所需的工具，帮助您获得专业的图像质量。

本书采用"详细的软件功能讲解 + 配套的课堂案例 + 课后拓展训练"的结构安排，每一个课堂练习都与当前基础知识相结合，作为基础知识的进阶提高，使读者学习起来更加轻松愉悦！本书在版面结构的设计上尽量简单明了，如下图所示。

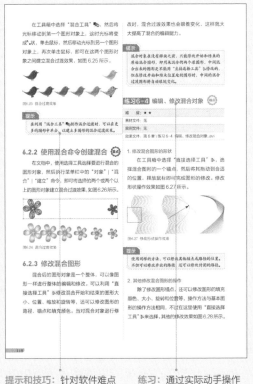

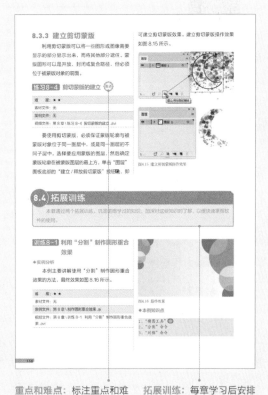

提示和技巧：针对软件难点及操作技巧进行重点讲解。

练习：通过实际动手操作来学习软件功能，快速掌握软件使用方法。

重点和难点：标注重点和难点，有针对性地进行学习。

拓展训练：每章学习后安排训练题，帮助读者巩固所学重点知识。

本书由水木居士编著，在此感谢所有创作人员为本书付出的艰辛。在创作的过程中，由于时间仓促，错误在所难免，希望广大读者批评指正。

编 者

2019 年 6 月

目录
CONTENTS

第2篇
提高篇

第4章 图形的选择、变换与变形

第3篇
精通篇

第7章 格式化文字处理

第4篇
实战篇

第11章 淘宝宣传图设计

第12章 移动UI设计

第 13 章 商业包装设计

第 14 章 商业海报设计

第**1**篇

入门篇

第 **1** 章

认识 Illustrator CC 绘图大师

Adobe 公司出品的 Illustrator 是集出版、多媒体和图形图像工业标准于一体的插画绘图软件。Illustrator CC 2018 是 Illustrator 的新版本。本章简要讲解 Illustrator CC 2018 的基本图形概念，如位图和矢量图、分辨率、图形文件格式等；主要介绍 Illustrator 的工作环境，包括基本操作界面、Illustrator CC 2018 的启动方法、标题栏、菜单栏、工具箱和各个面板；还详细讲解了创建新文档的方法。通过本章的学习，读者能够快速掌握文件的基本操作，认识 Illustrator CC 2018 的基本概念，为以后的学习打下坚实的基础。

教学目标

了解位图、矢量图、分辨率以及图像的各种格式
了解 Illustrator CC 2018 的新增功能
熟悉 Illustrator CC 2018 的工作界面
了解各个工具的基本功能
掌握创建新文档的方法

1.1.1 位图和矢量图

平面设计软件制作的图像类型大致分为两种：矢量图与位图。Illustrator 在处理矢量图方面的能力是其他软件不能及的。下面对这两种图像的优缺点进行比较。

1. 位图图像

- **位图图像的优点：** 位图能够制作出色彩和色调变化丰富的图像，可以逼真地表现自然界的景象，同时也可以很容易地在不同软件之间交换文件。
- **位图图像的缺点：** 它无法制作真正的3D图像，并且图像缩放和旋转时会产生失真的现象，同时文件较大，对内存和硬盘空间容量的需求也较高。用数码相机和扫描仪获取的图像都属于位图。

图 1.1、图 1.2 所示为位图放大前后的效果图。

图1.1 位图放大前   图1.2 位图放大后

2. 矢量图像

- **矢量图像的优点：** 矢量图像也可以说是向量式图像，它用数学的矢量方式来记录图像内容，以线条和色块为主。例如，一条线段的数据只需要记录两个端点的坐标、线段的粗细和色彩等，因此它的文件所占的容量较小，也可以很容易地进行放大、缩小或旋转等操作，并且不会失真，精确度也较高。
- **矢量图像的缺点：** 不易制作色调丰富或色彩变化太多的图像，而且绘制出来的图形不是很逼真，无法像照片一样精确地描写自然界的景象，同时也不易在不同的软件间交换文件。

图 1.3、图 1.4 所示为一个矢量图放大前后的效果图。

图1.3 矢量图放大前   图1.4 矢量图放大后

提示

因为计算机的显示器是通过显示网格上的"点"来成像的，因此矢量图和位图在屏幕上都是以像素显示的。

1.1.2 分辨率

分辨率是指在单位长度内含有的点（即像素）的多少。需要注意的是，分辨率并不单指图像分辨率，它有很多种，下面主要介绍图像分辨率和设备分辨率。

1. 图像分辨率

图像分辨率就是每英寸图像含有多少个点，其单位为 DPI 或 PPI，例如，72DPI 就表示该图像每英寸含有 72 个点。

在数字化图像中，分辨率的高低直接影响图像的质量。分辨率越高，图像就越清晰，所产生的文件就越大，在工作中所需的内存也越多，CPU 处理时间也越长。所以在创作图像时，就需要根据不同的用途设定适当的分辨率，例如，要打印输出的图像的分辨率就需要高一些，仅在屏幕上显示的图像的分辨率就可以低一些。

2. 设备分辨率

设备分辨率是指每单位输出长度所含的点数或像素。它和图像分辨率的不同之处在于图像分辨率可以更改，而设备分辨率不可更改。例如，显示器、扫描仪和数码相机这些硬件设备各自都有一个固定的分辨率。

显示器、打印机、扫描仪等硬件设备的分辨率用每英寸上可产生的点数来表示。显示器的分辨率就是显示器上每单位长度显示的点的数目，以点/英寸（DPI）为度量单位。打印机分辨率是激光照排机或打印机每英寸产生的油墨点数（DPI）。网频是打印灰度图像或分色稿时，每英寸打印机点数或网点数。网频也称网线，即在半调网屏中每英寸的网点线数，单位是线/英寸（LPI）。

1.1.3 图形文件格式

图像的格式决定了图像的特点和使用场合，不同格式的图像在实际应用中区别非常大，根据不同的用途使用不同的图像格式，下面来讲解不同图形文件格式的含义及应用。

1. AI格式

AI 文件是一种矢量图形文件，适用于 Adobe 公司的 Illustrator 软件的输出格式。与 PSD 格式文件相同，AI 文件也是一种分层文件，用户可以对图形内所存在的层进行操作，所不同的是 AI 格式文件是基于矢量输出，可在任何尺寸大小下按最高分辨率输出，而 PSD 文件是基于位图输出。与 AI 格式类似基于矢量输出的格式还有 EPS、WMF、CDR 等。

2. PDF格式

PDF（Portable Document Format）是 Adobe Acrobat 所使用的格式，这种格式是为了能够在大多数主流操作系统中查看该文件。

尽管 PDF 格式被看作保存包含图像和文本图层的格式，但是它也可以包含光栅信息。这种图像数据常常使用 JPEG 压缩格式，同时它也支持 ZIP 压缩格式。以 PDF 格式保存的数据可以通过万维网（World Wide Web）传送，或传送到其他 PDF 文件中。以 PDF 格式保存的文件可以是位图、灰阶、索引色、RGB、CMYK 以及 Lab 颜色模式，但不支持 Alpha 通道。

3. FXG格式

在 Illustrator CC 2018 中，可以将图形文件存储为 Flash XML 图形格式 (FXG) 格式。

FXG 是基于 MXML（由 FLEX 框架使用的基于 XML 的编程语言）子集的图形文件格式。存储为 FXG 格式时，图像的总像素必须少于 6 777 216，并且长度或宽度应限制在 8192 像素范围内。

4. EPS格式

PostScript 可以保存数学概念上的矢量对象和光栅图像数据。把 PostScript 定义的对象和光栅图像存放在组合框或页面边界中，就成为了 EPS（Encapsulated PostScript）文件。EPS 文件格式是 Illustrator 可以保存的其他非自身图像格式中比较独特的一个，因为它可以包容光栅信息和矢量信息。

Illustrator 保存下来的 EPS 文件可以支持除多通道之外的任何图像模式。尽管 EPS 文件不支持 Alpha 通道，但它的另外一种存储格式 DCS（Desktop Color Separations）可以支持 Alpha 通道和专色通道。EPS 格式支持剪切路径并用来在页面布局程序或图表应用程序中为图像制作蒙版。

EPS 文件大多用于印刷以及在 Illustrator 和页面布局应用程序之间交换图像数据。当保存 EPS 文件时，Illustrator 将出现一个"EPS 选项"对话框，如图 1.5 所示。

图1.5 "EPS选项"对话框

在保存 EPS 文件时指定的"预览"方式决定了要在目标应用程序中查看的低分辨率图像。选取"TIFF"，可以在 Windows 和 Mac OS 系统之间共享 EPS 文件。8 位预览所提供的显示品质比 1 位预览高，但文件大小也更大。也可以选择"无"。在编码中 ASCII 是最常用的格式，尤其是在 Windows 环境中，但是它所用的文件也是最大的。"二进制"的文件比 ASCII 要小一些，但很多应用程序和打印设备都不支持，该格式在 Macintosh 平台上应用较多。JPEG 编码使用 JPEG 压缩，这种压缩方法要损失一些数据。

5. SVG格式

SVG 的英文全称为 Scalable Vector Graphics，意思为可缩放的矢量图形。它是基于 XML（Extensible Markup Language），由 World Wide Web Consortium（W3C）联盟进行开发的。严格来说应该是一种开放标准的矢量图形语言，用户可以直接用代码来描绘图像，可以用任何文字处理工具打开SVG图像，通过改变部分代码来使图像具有交互功能，并可以随时插入到 HTML 中通过浏览器来观看。

SVG 格式可以任意放大图形显示，但绝不会以牺牲图像质量为代价；文字在 SVG 图像中保留可编辑和可搜寻的状态；平均来讲，SVG 文件比 JPEG 和 GIF 格式的文件要小很多，因而下载也很快。

1.2 Illustrator CC 2018 的新增功能

Illustrator CC 2018 在原有软件功能的基础上，增加了很多新的功能。例如，更加丰富的工作区工具、更好的集成、高级绘图和着色工具。下面来简要介绍这些功能。

1.2.1 属性面板

"属性"面板有些类似以前的控制面板，但比控制面板更加强大，并且融合了各个面板的主要功能，体现在根据选择对象的不同，显示不同的属性内容，这就不用打开多个面板来操作。新面板的设计考虑到了使用的便利性，旨在确保用户可以在需要时随时访问适当的控件。

提示

每个"属性"面板区域中的常用控件显示在最前面。通过单击区域右下角的省略号或单击带下划线的选项，可访问更多控件。

练习1-1 强大的属性面板

难　度：	★★
素材文件：	无
案例文件：	无
视频文件：	第 1 章 \ 练习 1-1 强大的属性面板 .avi

1. 未选择对象

当文档中没有选择任何对象时，如果选择了"选择工具"▶，"属性"面板会显示与画板、标尺、网格、参考线、对齐和一些常用首选项相关的控件，如图1.6所示。在这种状态下，"属性"面板会显示一些快速操作按钮，可以使用这些按钮打开"文档设置"和"首选项"对话框并进入画板编辑模式。

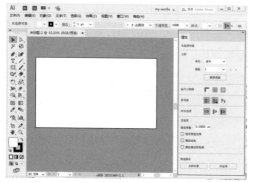

图1.6 未选择对象的"属性"面板

2. 选择了对象

对于所做的任何选择，"属性"面板都会显示两组相同的控件："变换"和"外观"控件；还有一个是动态控件。"变换"和"外观"控件包括宽度、高度、填充、描边、不透明度等选项。

动态控件：有些"属性"面板还会提供其他控件，具体取决于选择的内容。例如，选择文字，可以调整文本对象的字符和段落属性；选择位图图像，"属性"面板会显示裁剪、蒙版、嵌入或取消嵌入以及图像描摹等选项；选择矢量图形，"属性"面板会显示对齐、路径查找器、编组、隔离、重新着色等选项。

几种常见的"属性"面板如图1.7所示。

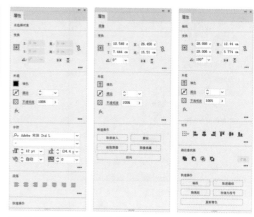

图1.7 几种常见的"属性"面板

1.2.2 画板功能

Illustrator CC 2018 对画板进行了增强，画板可帮助简化设计过程，它提供了一个区域，可以在该区域内布置适合不同设备和屏幕的设计。创建画板时，可以从各种预设大小中进行选取，也可以自定义画板大小。

练习1-2 增强的画板功能

难　　度：★★	
素材文件：无	
案例文件：无	
视频文件：第 1 章\练习1-2 增强的画板功能 .avi	

可以在最初创建文档时指定文档的画板数，并且在处理文档的过程中，可以随时添加和删除画板。可以创建大小不同的画板，使用"画板工具"□调整画板大小，并且可以将画板放在屏幕上的任何位置，甚至可以让它们彼此重叠。

当选择"画板工具"□时，可以使用"画板"面板、"属性"面板或工具控制栏来设置方向、重新排序和重新排列画板。可以为画板指定名称。

1. 创建画板

创建画板的方法很简单，可以通过以下 3 种方式来创建新画板，画板效果如图 1.8 所示。

- **拖动创建：** 选择"画板工具" 🗂，在文档中拖动直接定义画板的形状、大小和位置。
- **直接创建：** 选择"画板工具" 🗂，单击工具控制栏或"属性"面板中的"新建画板"按钮 🗐，即可创建一个新画板。

提示

在直接创建画板时，如果使用"画板工具" 🗂 选择现有画板，单击"新建画板" 🗐 按钮，将在该画板的右侧创建一个与当前选择画板完全相同的新画板。

- **复制画板：** 选择"画板工具" 🗂，单击选择要复制的画板，按住 Alt 键并拖动该画板，即可将该画板复制一份。

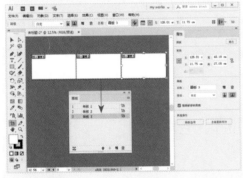

图1.8 画板效果

2. 删除画板

如果创建的画板过多，不想再使用这个画板，可以将该画板删除。首先选择要删除的画板，通过以下 3 种方法可以快速删除画板。

- 单击"属性"面板、工具控制栏或"画板"面板中的"删除画板"按钮 🗑。
- 从"画板"面板菜单中选择"删除画板"命令。
- 按 Delete 键。

3. 对齐和排列画板

使用"属性"面板、"对齐"面板或工具

控制栏，可以沿指定的轴对齐或排列选定的画板，对齐效果如图 1.9 所示。选择要对齐或排列的画板，然后通过以下种方法可以对齐或排列画板。

- 在"属性"面板中，单击要使用的对齐或排列类型的按钮。
- 在工具控制栏中，单击要使用的对齐或排列类型的按钮。
- 在"对齐"面板中，单击要使用的对齐或排列类型的按钮。

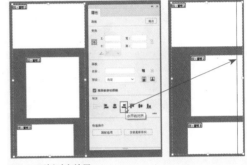

图1.9 画板对齐效果

1.2.3 操控变形工具

Illustrator CC 2018 新增了操控变形功能，利用该功能可以扭转和扭曲图形的某些部分，使变换看起来更自然。使用"操控变形工具" 📌 添加、移动和旋转点，可以将图形平滑地转换到不同的位置以及变换成不同的姿态。

练习1-3 有趣的操控变形工具

难 度：★★★
素材文件：第 1 章\操控变形 .ai
案例文件：无
视频文件：第 1 章\练习 1-3 有趣的操控变形工具 .avi

01 使用"选择工具" ▶，选择要变形的图形，如图1.10所示。

02 选择"操控变形工具" 📌，在图形中想要变形的位置单击添加变形点，每单击一次可添加一个变形点，如图1.11所示。

图1.10 选择图形

图1.11 添加变形点

03 选择并拖动变形点可变形图形，相邻的点可以使附近的区域保持不变。变形前后的效果如图1.12所示。

图1.12 拖动变形点变形前后的效果

提示

按住 Shift 键单击可以选择多个点进行变形；按住 Alt 键拖动可以限制围绕选定的点进行图形变形；按 Delete 键可以删除选定的点。

04 还可以通过变形点旋转图形。选择相应的点，然后将光标放在该点附近的位置，但不要放在点的上方，光标将出现一个旋转标识，拖动以直观地旋转图形，旋转前后的效果如图1.13所示。

图1.13 旋转图形前后的效果

1.2.4 可变字体

Ilustrator 支持 OpenType 可变字体，可以通过修改字体的粗细、宽度和其他属性，来创建自己的文字样式。

练习1-4 可变字体的使用 重点

难　　度：★
素材文件：无
案例文件：无
视频文件：第1章\练习1-4 可变字体的使用 .avi

01 要使用可变字体，首先输入文字。

02 在"字符"面板中，从"设置字体系列"下拉列表中，选择带有VAR标识的字体，如图1.14所示。

图1.14 选择带有VAR标识的字体

03 从"设置字体样式"下拉列表中可以看到很多选项，用来设置不同的字体样式，如图1.15所示。

图1.15 设置字体样式

04 单击"变量字体"按钮，将弹出一个面板，拖动滑块，可以对文字的直线宽度、宽度和倾斜选项进行调整，如图1.16所示。

图1.16 变量字体调整

1.2.5 SVG 彩色字体

受益于 OpenType SVG 字体的支持，Illustrator 可以使用包括多种颜色、渐变效果和透明度的字体进行设计。不过这些字体不是直接输入的，而是通过像聊天符号一样的面板选择这些字体的。要使用 OpenType SVG 字体，可以进行如下操作。

01 使用"文字工具"单击创建文字，注意单击后将显示的文字删除，不要有任何输入的文字。

02 在"字符"面板的"设置字体系列"下拉列表中，选择带有 SVG 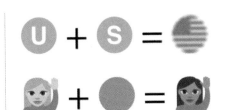 标识的字体，如图 1.17 所示。

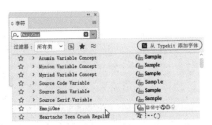

图 1.17 选择带有 SVG 标识的字体

03 此时将打开"字形"面板，该面板中将显示各种色彩和图形化的元素，如表情符号、国旗、街道标识、动物、人物、食物等，直接双击某个元素，即可将其像文字一样输入，如图 1.18 所示。

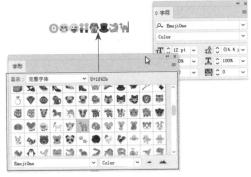

图 1.18 输入元素

04 更有意思的是，SVG 字体具有演变效果，例如，可以通过输入国家的字母简称自动演变成该国家的国旗，或变更特定字符所描述的人物和身体部位的肤色，如图 1.19 所示。

图 1.19 演变效果

1.2.6 更加优化的导出功能

为了适应移动设备的使用，Illustrator 对导出功能进行了优化，新增了一个"导出为多种屏幕所用格式"命令，通过该命令可以导出适合多种屏幕的格式文件。

执行菜单栏中的"文件"|"导出"|"导出为多种屏幕所用格式"命令，打开"导出为多种屏幕所用格式"对话框，如图 1.20 所示。

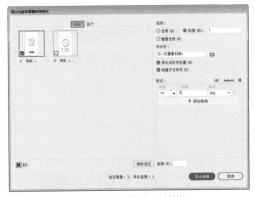

图 1.20 "导出为多种屏幕所用格式"对话框

在该对话框中，通过"画板"选项卡，可以选择要导出的单个或多个画板，还可以在"格式"选项组中，设置适合 iOS 和 Android 的不同格式。

另外，大家可能注意到，还有一个"资产"选项卡，这个要结合"资源导出"面板使用。

执行菜单栏中的"窗口"|"资源导出"命令，打开"资源导出"面板，可以直接将图形拖动到此面板中生成资源，如图 1.21 所示。

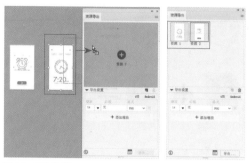

图1.21 添加资源

提示

如果某个绘制的图形由多个元素组成，而且没有编组，将其拖到"资源导出"面板中，将自动根据元素创建多个资源。如果想创建一个单独的资源，可以在拖动时按住 Alt 键。

再次打开"导出为多种屏幕所用格式"对话框，在"资产"选项卡中即可看到刚添加的资源，如图 1.22 所示。

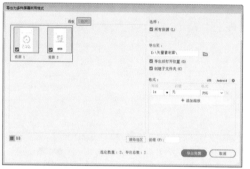

图1.22 添加的资源效果

设置好相关的参数，单击"导出资源"按钮，即可将设置好的图形导出到指定的文件夹中。

1.2.7 对MacBook Pro Touch Bar的支持

在 MacBook Pro Touch Bar 上可以即时访问需要使用的核心工具。

Illustrator 支持 Touch Bar，即新的 Mac Book Pro 键盘顶端的多点触控显示器，也叫触控栏。使用触控栏可以在主画面工作环境下存取 Illustrator 功能与控制项，触控栏支持熟悉的手势，如选择、拖动和滑动等，如图 1.23 所示。

图1.23 触控栏

1.3 Illustrator CC 2018 操作界面

Illustrator CC 2018 为用户提供了非常人性化的操作界面，与 Photoshop 等相关 Adobe 公司生产的软件界面几乎相同。如果用户对 Photoshop 软件熟悉的话，对于 Illustrator CC 2018 的界面操作也可以轻松掌握。

1.3.1 启动Illustrator CC 2018

在成功地安装了 Illustrator CC 2018 后，在操作系统的程序菜单中会自动生成 Illustrator CC 2018 的子程序。在屏幕的底部单击"开始"|"程序"|"Illustrator CC 2018"命令，就可以启

动 Illustrator CC 2018，程序的启动界面如图 1.24 所示。

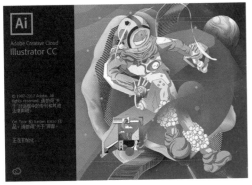

图1.24 启动Illustrator CC 2018界面

启动了 Illustrator CC 2018 后，在软件界面将出现一个开始工作区，如图 1.25 所示。可以直接单击需要的选项，进入相关项目进行操作。

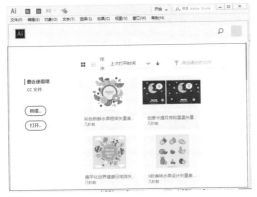

图1.25 开始工作区

提示

开始工作区较以前的版本有很大的变化，以前的版本叫欢迎屏幕，但内容上相差不多。

开始工作区中相关的选项应用方法说明如下。

- **最近使用项**：在该选项的右侧，显示了最近保存或打开过的项目文件，可以直接单击这些文件名称来打开相关的项目。
- **CC文件**：单击该选项，可以访问Creative Cloud 资料库，使用资料库中的资源。不过，前提是需要使用Adobe Creative Cloud 账户将资料同步到Creative Cloud 资料库。

单击"新建"按钮，任意创建一个文档，即可显示 Illustrator CC 2018 完整的操作界面。Illustrator CC 2018 的操作界面由标题栏、菜单栏、工具控制栏、工具箱、控制面板、绘图区、状态栏等组成，如图 1.26 所示。

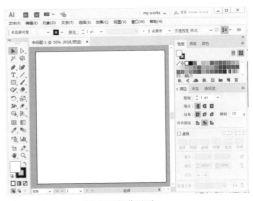

图1.26 Illustrator CC 2018操作界面

1.3.2 标题栏

Illustrator CC 2018 的标题栏位于工作区的顶部，主要显示软件图标**Ai**和其他信息，如图 1.27 所示。如果当前编辑的文档处于最大化显示时，某些功能将显示在菜单栏的右侧。

图1.27 标题栏

技巧

当 Illustrator CC 2018 窗口处于非最大化状态时，在标题栏范围内按住鼠标拖动，可在屏幕中任意移动窗口的位置。在标题栏中双击可以使 Illustrator CC 2018 窗口在最大化与还原状态之间切换。

1.3.3 菜单栏

菜单栏位于 Illustrator CC 2018 工作界面的上部，如图 1.28 所示。菜单栏通过各个命令菜单提供对 Illustrator CC 2018 的绝大多数操作以及窗口的定制，包括"文件""编辑""对象”“文字”“选择”“效果”“视图”“窗口”和“帮助”9个菜单。

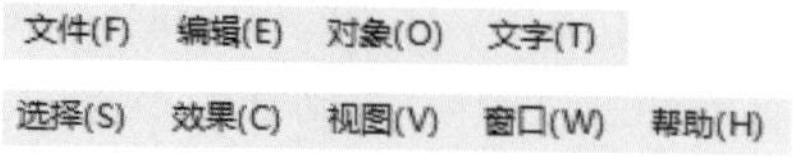

文件(F) 编辑(E) 对象(O) 文字(T)
选择(S) 效果(C) 视图(V) 窗口(W) 帮助(H)
图1.28 Illustrator CC 2018的菜单栏

Illustrator CC 2018 为用户提供了不同的菜单命令显示效果，以方便用户的使用，不同的显示标记含有不同的意义，分别介绍如下。

- **子菜单：** 在菜单栏中，有些命令的后面有右指向的黑色三角形箭头▸，当光标在该命令上稍停片刻后，便会出现一个子菜单。例如，执行菜单栏中的“对象”|“路径”命令，可以看到“路径”子菜单。
- **执行命令：** 在菜单栏中，有些命令选择后，在前面会出现对号标记，表示此命令为当前执行的命令。例如，“窗口”菜单中已经打开的面板名称前出现的对号标记。
- **快捷键：** 在菜单栏中，菜单命令还可使用快捷键的方式来选择。在菜单栏中有些命令后面有英文字母组合，如菜单栏中的“文件”|“新建”命令的后面有“Ctrl + N ”字母组合，表示的就是“新建”命令的快捷键。直接按键盘上的Ctrl + N快捷键，即可启用“新建”命令。
- **对话框：** 在菜单栏中，有些命令的后面有“…”省略号标志，表示选择此命令后将打开相应的对话框。例如，执行菜单栏中的“文件”|“文档设置”命令，将打开“文档设置”对话框。

1.3.4 工具箱 重点

工具箱在初始状态下一般位于窗口的左侧，当然也可以根据自己的习惯拖动到其他的地方。利用工具箱所提供的工具，可以进行选择、绘画、取样、编辑、移动、注释和度量等操作，还可以更改前景色和背景色、使用不同的视图模式。

在工具箱中没有显示出全部工具，有些工具被隐藏起来了。只要细心观察，会发现有些工具图标中有一个小三角的符号，这表明在该工具中还有与之相关的其他工具，如图 1.29 所示。要打开这些工具，有以下两种方法。

- **方法1：** 将光标移至含有多个工具的图标上，按住鼠标左键不放，此时，出现一个工具选择菜单，然后拖动鼠标至想要选择的工具图标处释放鼠标即可。
- **方法2：** 在含有多个工具的图标上按住鼠标左键并将光标移动到“拖出”三角形上，释放鼠标，即可将该工具条从工具箱中单独分离出来。如果要将一个已分离的工具条重新放回工具箱中，可以单击右上角的“关闭”按钮。

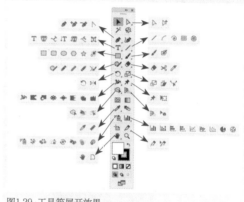

图1.29 工具箱展开效果

除了直接单击选择工具箱中的工具，还可以应用快捷键来选择工具，在工具名称的右侧显示的即是快捷键，如图 1.30 所示。

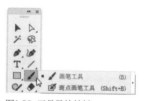

画笔工具 (B)
斑点画笔工具 (Shift+B)
图1.30 工具及快捷键

技巧

在任意形状下，按住空格键都可以直接切换到抓手工具，在页面中拖动可以移动页面的位置。

在工具箱的最下方还有几个按钮，主要是用来设置填充和描边，还有用来查看图像的，如图 1.31 所示。

图1.31 工具箱最下方的按钮

1.3.5 工具控制栏 重点

工具控制栏位于菜单栏的下方，用于对相应的工具进行各种属性设置。在工具箱中选择一个工具，工具控制栏中就会显示该工具对应的属性设置。例如，在工具箱中选择"钢笔工具" 后，工具控制栏的显示效果如图1.32所示。

图1.32 工具控制栏

1.3.6 认识浮动面板

浮动面板在大多数软件中比较常见，它能够控制各种工具的参数设定，完成颜色选择、图像编辑、图层操作、信息导航等各种操作，浮动面板给用户带来了极大的方便。

Illustrator CC 2018 为用户提供了 30 多种浮动面板，其中最主要的浮动面板包括信息、动作、变换、图层、图形样式、外观、对齐、导航器、属性、描边、字符、段落、渐变、画笔、符号、色板、路径查找器、透明度、链接、颜色、颜色参考和魔棒等面板。下面简要介绍一下各个面板的作用。

1. "信息"面板

该面板主要用来显示当前对象的大小、位置和颜色等信息。执行菜单栏中的"窗口"|"信息"命令，可打开或关闭该面板。"信息"面板如图 1.33 所示。

2. "动作"面板

Illustrator CC 2018 为用户提供了很多默认的动作，使用这些动作可以快速为图形对象创建特殊效果。首先选择要应用动作的对象，然后选择某个动作，再单击"动作"面板下方的"播放当前所选动作"按钮▶，即可应用该动作。

执行菜单栏中的"窗口"|"动作"命令，可以打开或关闭"动作"面板。"动作"面板如图 1.34 所示。

图1.33 "信息"面板

图1.34 "动作"面板

3. "变换"面板

"变换"面板在编辑过程中应用广泛，在精确控制图形时是一般工具所不能比的。它不但可以移动对象位置、调整对象大小、旋转和倾斜对象，还可以设置变换的内容，比如仅变换对象、仅变换图案或变换两者。在新的版本中，还增加了几何图形的属性编辑。

执行菜单栏中的"窗口"|"变换"命令，可打开或关闭"变换"面板。"变换"面板如图1.35所示。

4. "图层"面板

默认情况下，Illustrator CC 2018 提供了一个图层，所绘制的图形都位于这个图层上。对于复杂的图形，可以借助"图层"面板创建不同的图层来操作，这样更有利于复杂的图形编辑。利用图层还可以进行复制、合并、删除、隐藏、锁定和显示设置等多种操作。

执行菜单栏中的"窗口"|"图层"命令，可以打开或关闭"图层"面板。"图层"面板如图 1.36 所示。

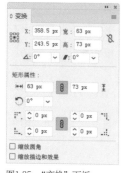
图1.35 "变换"面板

图1.36 "图层"面板

5."图形样式"面板

"图形样式"面板为用户提供了多种默认的样式效果，选择图形后，只需要单击这些样式即可应用。样式可以包括填充、描边和各种特殊效果。当然，用户也可以利用菜单命令来编辑图形，然后单击"新建图形样式"按钮 ，创建属于自己的图形样式。

执行菜单栏中的"窗口"|"图形样式"命令，可以打开或关闭"图形样式"面板。"图形样式"面板如图 1.37 所示。

6."外观"面板

"外观"面板是图形编辑的重要工具，它不但显示了填充和描边的相关信息，还显示使用的效果、透明度等信息，可以直接选择相关的信息进行再次修改。使用它还可以将图形的外观清除、简化至基本外观、复制所选项目和删除所选项目。

执行菜单栏中的"窗口"|"外观"命令，可以打开或关闭"外观"面板。"外观"面板如图1.38所示。

图1.37 "图形样式"面板

图1.38 "外观"面板

7."对齐"面板

"对齐"面板主要用来控制图形的对齐和分布。不但可以控制多个图形的对齐与分布，还可以控制一个或多个图形相对于画板的对齐与分布。如果指定分布的距离，并单击某个图形，可以控制其他图形与该图形的分布间距。

执行菜单栏中的"窗口"|"对齐"命令，可以打开或关闭"对齐"面板。"对齐"面板如图 1.39 所示。

8."导航器"面板

利用"导航器"面板，不但可以缩放图形，还可以快速导航局部图形。只需要在"导航器"面板中单击需要查看的位置或直接拖动红色方框到需要查看的位置，即可快速查看局部图形。

执行菜单栏中的"窗口"|"导航器"命令，可以打开或关闭"导航器"面板。"导航器"面板如图 1.40 所示。

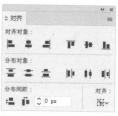
图1.39 "对齐"面板

图1.40 "导航器"面板

9."属性"面板

利用"属性"面板，不但可以对图形的印刷输出设置叠印效果，还可以配合"切片工具"创建图像映射，即超链接效果，将带有图像映射的图形输出为 Web 格式后，可以直接单击该热点打开相关的超链接。

执行菜单栏中的"窗口"|"属性"命令，可以打开或关闭"属性"面板。"属性"面板如图 1.41 所示。

10."描边"面板

利用"描边"面板，可以设置描边的粗细、端点形状、边角类型、描边位置等，还可以设置描边为实线或虚线，并可以设置不同的虚线效果、添加箭头等。

执行菜单栏中的"窗口"|"描边"命令，可以打开或关闭"描边"面板。"描边"面板如图 1.42 所示。

图1.41 "属性"面板　　图1.42 "描边"面板

11. "字符"面板

"字符"面板用来为文字进行格式化处理，包括设置文字的字体、字体大小、行距、水平缩放、垂直缩放、旋转和基线偏移等各种字符属性。

执行菜单栏中的"窗口"|"文字"|"字符"命令，可以打开或关闭"字符"面板。"字符"面板如图 1.43 所示。

12. "段落"面板

"段落"面板用来为段落进行格式化处理，包括设置段落对齐、左/右缩进、首行缩进、段前/段后间距、中文标点溢出、重复字符处理和避头尾法则类型等。

执行菜单栏中的"窗口"|"文字"|"段落"命令，可以打开或关闭"段落"面板。"段落"面板如图 1.44 所示。

图1.43 "字符"面板　　图1.44 "段落"面板

13. "渐变"面板

由两种或多种颜色或同一种颜色的不同深浅度逐渐混合变化的过程就是渐变。"渐变"面板是编辑渐变色的工具，可以根据自己的需要创建各种各样的渐变，然后通过"渐变工具"修改渐变的起点、终点和角度位置。

执行菜单栏中的"窗口"|"渐变"命令，可以打开或关闭"渐变"面板。"渐变"面板如图 1.45 所示。

14. "画笔"面板

Illustrator CC 2018 为用户提供了 5 种画笔类型，包括书法画笔、散点画笔、图案画笔、毛刷画笔和艺术画笔。利用这些画笔，可以轻松绘制出美妙的图案。

执行菜单栏中的"窗口"|"画笔"命令，可以打开或关闭"画笔"面板。"画笔"面板如图 1.46 所示。

图1.45 "渐变"面板　　图1.46 "画笔"面板

15. "符号"面板

符号是一种特别的图形，它可以被重复使用，而且不会增加图像的大小。在"符号"面板中，选择需要的符号后，使用"符号喷枪工具"在文档中可以喷洒出符号实例；也可以直接将符号从"符号"面板中拖动到文档中，或选择符号后，单击"符号"面板下方的"置入符号实例"按钮，将符号添加到文档中。同时，用户也可以根据自己的需要，创建属于自己的符号或删除不需要的符号。

执行菜单栏中的"窗口"|"符号"命令，可以打开或关闭"符号"面板。"符号"面板

如图 1.47 所示。

16. "色板"面板

"色板"用来存放印刷色、特别色、渐变和图案，以便重复使用颜色、渐变和图案。使用"色板"可以填充或描边图形，也可以创建属于自己的颜色。

执行菜单栏中的"窗口"|"色板"命令，可以打开或关闭"色板"面板。"色板"面板如图 1.48 所示。

图1.47 "符号"面板

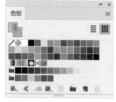
图1.48 "色板"面板

17. "路径查找器"面板

"路径查找器"面板中的各按钮相当实用，是进行复杂图形创作的利器，许多复杂的图形利用"路径查找器"面板中的相关命令可以轻松搞定。其中的各命令可以对图形进行相加、相减、相交、分割、修边、合并等操作，是一个使用率相当高的面板。

执行菜单栏中的"窗口"|"路径查找器"命令，可以打开或关闭"路径查找器"面板。"路径查找器"面板如图 1.49 所示。

18. "透明度"面板

利用"透明度"面板可以为图形设置混合模式、不透明度、隔离混合、反相蒙板和剪切等功能，该功能不但可以在矢量图中使用，还可以直接应用于位图图像。

执行菜单栏中的"窗口"|"透明度"命令，可以打开或关闭"透明度"面板。"透明度"面板如图 1.50 所示。

图1.49 "路径查找器"面板

图1.50 "透明度"面板

19. "链接"面板

"链接"面板用来显示所有链接或嵌入的文件，通过这些链接来记录和管理转入的文件。利用"链接"面板可以进行重新链接、转至链接、更新链接和编辑原稿等操作，还可以查看链接的信息，以更好地管理链接文件。

执行菜单栏中的"窗口"|"链接"命令，可以打开或关闭"链接"面板。"链接"面板如图 1.51 所示。

20. "颜色"面板

当"色板"面板中没有需要的颜色时，就要用到"颜色"面板了。"颜色"面板是编辑颜色的工具，主要用来填充和描边图形，利用"颜色"面板也可以创建新的色板。

执行菜单栏中的"窗口"|"颜色"命令，可以打开或关闭"颜色"面板。"颜色"面板如图 1.52 所示。

图1.51 "链接"面板

图1.52 "颜色"面板

21. "颜色参考"面板

"颜色参考"面板集"色板"与"颜色"面板功能于一身，可以直接选择颜色，也可以编辑需要的颜色，同时，该面板还提供了淡色/暗色、冷色/暖色、亮光/暗光这些常用的颜色设置，以及中性、儿童素材、网站、肤色、自然界等具有不同色系的颜色，以配合不同的图形需要。

执行菜单栏中的"窗口"|"颜色参考"命令，可以打开或关闭"颜色参考"面板。"颜色参考"面板如图1.53所示。

22. "魔棒"面板

"魔棒"面板要配合"魔棒工具" 使用，在"魔棒"面板中可以勾选要选择的选项，包括描边颜色、填充颜色、描边粗细、不透明度和混合模式，还可以根据需要设置不同的容差值，以选择不同范围的对象。

执行菜单栏中的"窗口"|"魔棒"命令，可以打开或关闭"魔棒"面板。"魔棒"面板如图1.54所示。

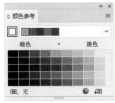

图1.53 "颜色参考"面板　　图1.54 "魔棒"面板

1.3.7 操作浮动面板 重点

默认情况下，面板以面板组的形式出现，位于 Illustrator CC 2018 界面的右侧，是 Illustrator CC 2018 对当前图像的颜色、图层、描边以及其他重要属性进行操作的地方。浮动面板都有几个相同的选项，如标签名称、折叠/展开、关闭和面板菜单等，在面板组中，单击标签名称可以显示相关的面板内容；单击折叠/展开按钮，可以将面板内容折叠或展开；单击"关闭"按钮，可以将浮动面板关闭；单击菜单按钮，可以打开该面板的面板菜单，如图1.55所示。

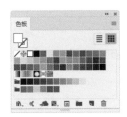

图1.55 浮动面板

Illustrator CC 2018 的浮动面板可以任意进行分离、移动和组合。浮动面板的多种操作方法如下。

1. 打开或关闭面板

在"窗口"菜单中，选择不同的命令，可以打开或关闭不同的浮动面板，也可以单击浮动面板右上方的"关闭"按钮来关闭该浮动面板。

> **提示**
>
> 从"窗口"菜单中，可以打开所有的浮动面板。在"窗口"菜单中，菜单命令前标有对号的表示已经打开，取消对号，表示关闭该面板。

2. 显示面板内容

在面板组中，如果想查看某个面板内容，可以直接单击该面板的标签名称。其操作过程如图1.56所示。

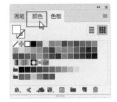

图1.56 显示"颜色"面板内容的操作过程

3. 移动面板

按住某一浮动面板标签名称或顶部的空白区域拖动，可以将其移动到工作区中的任意位置，方便用户的不同操作需要。

4. 分离面板

在面板组中，在某个标签名称处按住鼠标左键向该面板组以外的位置拖动，即可将该面板分离成独立的面板。操作过程如图1.57所示。

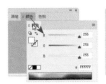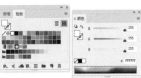

图1.57 分离面板

5. 组合面板

在一个独立面板的标签名称位置按住鼠标左键，然后将其拖动到另一个浮动面板上，当另一个面板周围出现蓝色的方框时释放鼠标，即可将面板组合在一起，如图 1.58 所示。

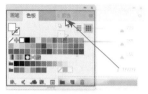

图1.58 组合面板

6. 停靠面板组

为了节省空间，还可以将组合的面板停靠在右侧边缘位置。拖动浮动面板组中边缘的空白位置，将其移动到下侧边缘位置，当看到变化时，释放鼠标，即可将该面板组停靠在边缘位置。操作过程如图 1.59 所示。

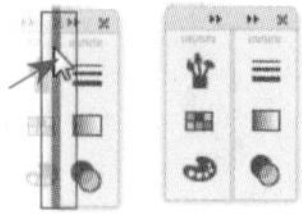

图1.59 停靠边缘位置

7. 折叠面板组

单击折叠面板图标◀◀，可以将面板组折叠起来，以节省更大的空间。如果想展开折叠面

板组，可以单击展开面板图标▶▶，将面板组展开，如图 1.60 所示。

图1.60 面板组折叠效果

1.3.8 状态栏

状态栏位于 Illustrator CC 2018 绘图区的底部，用来显示当前图像的各种参数信息以及当前所用的工具信息。

单击状态栏中的▶按钮，可以弹出一个选项菜单，如图 1.61 所示，从中可以选择要提示的信息项。其中的主要内容如下。

图1.61 状态栏以及选项菜单

- **画板名称：**显示当前画板名称。
- **当前工具：**显示当前正在使用的工具。
- **日期和时间：**显示当前文档编辑的日期和时间。
- **还原次数：**显示当前操作中的还原与重做次数。
- **文档颜色配置文件：**显示当前文档的颜色模式配置。

1.4 建立新文档

要设计图形，首先需要创建新的文档，在 Illustrator CC 2018 中，既可以使用开始工作区创建新文档，也可以从"文件"菜单直接创建。

相比以前的版本，Illustrator CC 2018 的"新建文档"对话框有了很大的变化，增加了更多的默认文档预设，如为了适应现代智能系统的"移动设备"、适应视频的"胶片和视频"，还有"打印""图稿和插图""Web"等选项的设置。用户可以直接选择需要的默认文档预设，也可以自定义创建新文档。

1.4.1 使用"新建"命令创建新文档 （重点）

创建新文档的方法非常简单，具体的操作方法如下。

01 执行菜单栏中的"文件"|"新建"命令，打开"新建文档"对话框，如图1.62所示。

图1.62　"新建文档"对话框

02 在"预设详细信息"文本框中输入新建的文件的名称，其默认的名称为"未标题-1"。

03 直接在"宽度"和"高度"文本框中输入大小，不过需要注意的是，要先改变单位再输入大小，不然可能会出现错误。例如，设置"宽度"的值为30cm，"高度"的值为20cm，如图1.63所示。

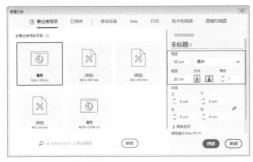

图1.63　设置宽度和高度

04 在"出血"选项组中，通过上、下、左、右设置文档的出血尺寸。

05 在"高级选项"选项组中，可以设置文档的"颜色模式""光栅效果"和"预览模式"等。

06 还可以单击"更多设置"，打开"更多设置"对话框，如图1.64所示，对文档进行更多选项的设置。最后单击"创建"按钮，即可创建一个新文档。

图1.64　"更多设置"对话框

1.4.2 使用开始工作区创建新文档 （重点）

如果开始工作区已经启动，直接单击"新建"按钮，即可打开"新建文档"对话框。按照上一小节的方法设置所需选项后，单击"创建"按钮，即可创建一个新文档。

第 **2** 章

颜色控制与填充技巧

图形对象的着色是美化图形的基础，图形颜色在整个设计中占重要作用。本章详细讲解了 Illustrator CC 2018 颜色的控制及填充，包括单色、渐变和图案填充，各种颜色面板的使用及设置方法，图形的描边技术，还介绍了灰度、RGB、HSB 和 CMYK 4 种颜色模式的含义和使用方法，了解这些颜色模式的不同用途可以更好地输出图形。通过本章的学习，读者能够熟练掌握各种颜色的控制及设置方法，掌握图形的填充技巧。

教学目标

了解图形颜色模式

学习颜色的各种设置方法

掌握局部定义图案的方法

掌握单色、渐变和图案的填充技巧

掌握不透明度蒙版的使用方法

掌握渐变网格的使用技巧

2.1 单色填充和描边

单色填充也叫实色填充，它是颜色填充的基础，一般可以使用"颜色"和"色板"面板来编辑用于填充的单色。对图形对象的填充分为两个部分：一是内部的填充，二是描边填色。在设置颜色前要先确认填充的对象，是内部填充还是描边填色。确认的方法很简单，可以通过工具栏底部相关区域来设置，也可以通过"颜色"面板来设置。通过单击"填充颜色"或"描边颜色"按钮，将其设置为当前状态，然后设置颜色即可。

在设置颜色区域中，单击"互换填色和描边"按钮，可以将填充颜色和描边颜色相互交换；单击"默认填色和描边"按钮，可以将填充颜色和描边颜色设置为默认的黑白颜色；单击"颜色"按钮，可以为图形填充单色效果；单击"渐变"按钮，可以为图形填充渐变色；单击"无"按钮，可以将填充或描边设置为无色效果。各按钮如图 2.1 所示。

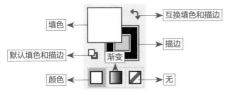

图2.1 填充与描边的各按钮

2.1.1 单色填充的应用 （重点）

在文档中选择要填色的图形对象，然后在工具箱中双击"填色"图标，打开"拾色器"对话框。在该对话框中设置要填充的颜色，单击"确定"按钮即可为图形填充单色，操作过程如图 2.2 所示。

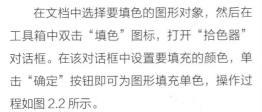

图2.2 单色填充

2.1.2 描边的应用 （重点）

在文档中选择要填充描边颜色的图形对象，然后在工具箱中双击"描边"图标，打开"拾色器"对话框。在该对话框中设置要描边的颜色，单击"确定"按钮，即可将图形以新设置的颜色进行描边处理，操作过程如图 2.3 所示。

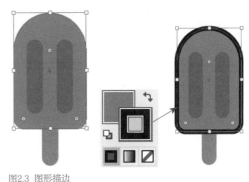

图2.3 图形描边

练习2-1 认识"描边"面板 （难点）

难　度：	★ ★
素材文件：	无
案例文件：	无
视频文件：	第 2 章 \ 练习 2-1 认识"描边"面板 .avi

除了使用颜色对描边进行填色外，还可以使用"描边"面板设置描边的其他属性，如描边的粗细、端点、边角、对齐描边、虚线和箭头等。执行菜单栏中的"窗口"|"描边"命令，即可打开如图 2.4 所示的"描边"面板。

图2.4 "描边"面板

"描边"面板各选项的含义说明如下。

- **粗细：**设置描边的宽度。可以从右侧的下拉列表中选择一个数值，也可以直接输入数值来确定描边线条的宽度。不同粗细值显示的图形描边效果如图2.5所示。

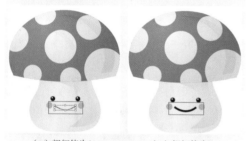

（a）粗细值为1pt　　（b）粗细值为5pt

图2.5 不同粗细值的描边效果

- **端点：**设置描边路径的端点形状，分为平头端点■、圆头端点■和方头端点■3种。要设置描边路径的端点，首先选择要设置端点的路径，然后单击需要的端点按钮即可。不同端点的路径显示效果如图2.6所示。

图2.6 不同端点的路径显示效果

- **边角：**设置路径转角的连接效果，可以通过"限制"数值来控制，也可以直接单击右侧的"斜接连接"按钮■、"圆角连接"按钮■和"斜角连接"按钮■来修改。要设置图形的转

角连接效果，首先选择要设置转角的路径，然后单击需要的连接按钮即可。不同边角效果如图2.7所示。

图2.7 不同边角效果

- **对齐描边：**设置填色与路径之间的相对位置。包括使描边居中对齐■、使描边内侧对齐■和使描边外侧对齐■3个选项。选择要设置对齐描边的路径，然后单击需要的对齐按钮即可。不同的描边对齐效果如图2.8所示。

图2.8 不同的描边对齐效果

- **虚线：**勾选该复选框，可以将实线路径显示为虚线效果，并可以通过下方的文本框输入虚线的长度和间隙的长度，利用这些可以设置出不同的虚线效果。应用虚线的前后效果对比如图2.9所示。

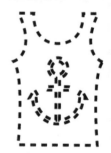

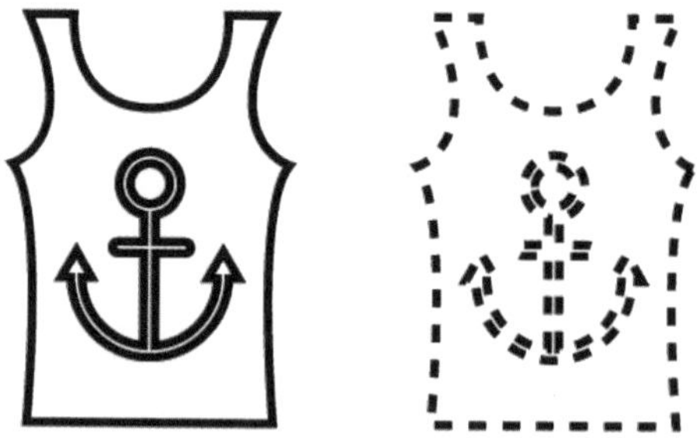

图2.9 应用虚线的前后效果对比

- **箭头：**可以为路径起点和终点添加箭头，单击"互换箭头起始处和结束处"按钮⇄，可以将起点和终点箭头互换；通过"缩放"可以缩放起点和终点箭头的大小，如果单击"链接箭头起始处和结束处缩放"按钮，可以同时等比

例缩放起点和终点箭头；通过"对齐"选项可以指定箭头的对齐方式。不同起点和终点应用箭头的效果如图2.10所示。

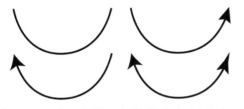

图2.10 不同起点和终点应用箭头的效果

- **配置文件：** 可以配置异形描边效果，让描边宽

度产生指定的配置效果，并可以通过"纵向翻转"▶◀和"横向翻转"⛌翻转描边路径。不同配置文件显示效果如图2.11所示。

图2.11 不同配置文件显示效果

2.2 "颜色"面板

通过"颜色"面板可以修改不同的颜色值，精确地指定所需要的颜色。执行菜单栏中的"窗口"|"颜色"命令，即可打开如图 2.12 所示的"颜色"面板。通过单击"颜色"面板右上角的菜单按钮▤，可以弹出"颜色"面板菜单，选择不同的颜色模式。

在"颜色"面板中，通过单击"填色"或"描边"图标来确定设置颜色的对象，通过拖动颜色滑块或修改颜色值来精确设置颜色，也可以直接在下方的色带中吸取一种颜色。如果不想设置颜色，可以单击"无"按钮，将选择的对象设置为无色。

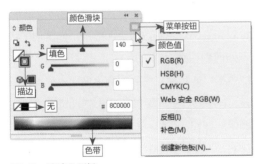

图2.12 "颜色"面板

Illustrator CC 2018 有 4 种颜色模式：灰度模式、RGB 模式（即红、绿、蓝）、HSB 模式（即色相、饱和度、亮度）和 CMYK 模式

（即青、洋红、黄、黑）。这 4 种颜色模式各有不同的功能和用途，采用不同的颜色模式，图形的显示和打印效果各不相同，有时甚至差别很大，所以有必要对颜色模式有个清楚的认识。下面分别讲述"颜色"面板菜单中 4 种颜色模式的含义及用法技巧。

2.2.1 灰度模式

灰度模式属于非色彩模式。它只包含 256 级不同的亮度级别，并且仅有一个 Black 通道。在图像中看到的各种色调都是由 256 种不同强度的黑色表示。

灰度模式简单地说就是由白色到黑色之间的过渡颜色。在灰度模式中，把从白色到黑色的过渡色分为 100 份，设白色为 0%、黑色为 100%，其他灰度级用 0%~100% 的百分数来表示。各灰度级其实表示了图形灰色的亮度级。

在许多出版、印刷中用到的黑白图（即灰度图）就是灰度模式的一个极好的应用例子。

在"颜色"面板菜单中选择"灰度"命令，即可将"颜色"面板的颜色显示切换到灰度模式，如图 2.13 所示。可以通过拖动滑块或修改参数来设置灰度颜色，也可以在色带中吸取颜色，但在这里设置的所有颜色只有黑、白、灰。

图2.13 灰度模式

2.2.2 RGB模式

RGB 是光的色彩模型，俗称三原色（也就是三个颜色通道）：红、绿、蓝。每种颜色都有 256 个亮度级（0~255）。将每一个色带分成 256 份，用 0 ~ 255 这 256 个整数表示颜色的深浅，其中 0 代表颜色最深，255 代表颜色最浅。所以 RGB 模式所能显示的颜色有 256×256×256 即 16 777 216 种，远远超出了人眼所能分辨的颜色。如果用二进制表示每一条色带的颜色，需要用 8 位二进制来表示，所以 RGB 模式需要用 24 位二进制来表示，这也就是常说的 24 位色。RGB 模型也称为加色模型，因为当增加红、绿、蓝色光的亮度级时，色彩变得更亮。所有显示器、投影仪及其他传递与滤光的设备，包括电视、电影放映机都依赖于加色模型。

任何一种色光都可以由 RGB 三原色混合得到，RGB 三个值中任何一个发生变化都会导致合成出来的色彩发生变化。电视彩色显像

管就是根据这个原理来显示颜色的。但是这种表示方法并不适合人的视觉特点，所以产生了其他的色彩模式。

在"颜色"面板菜单中选择"RGB"命令，即可将"颜色"面板的颜色显示切换到 RGB 模式，如图 2.14 所示。可以通过拖动滑块或修改参数来设置颜色，也可以在色带中吸取颜色。RGB 模式在网页中应用较多。

图2.14 RGB模式

2.2.3 HSB模式

HSB 色彩空间是根据人的视觉特点，用色相（Hue）、饱和度（Saturation）和亮度（Brightness）来表达色彩。色相为颜色的相貌，即颜色的样子，如红、蓝等直观的颜色。饱和度表示的是颜色的强度或纯度，即颜色的深浅程度。亮度是颜色的相对明度和暗度。

我们常把色相和饱和度统称为色度，用它来表示颜色的类别与深浅程度。由于人的视觉对亮度比对色彩浓淡更加敏感，为了便于色彩处理和识别，常采用 HSB 色彩空间。它能把色相、饱和度和亮度的变化情形表现得很清楚，比 RGB 空间更加适合人的视觉特点。在图像处理和计算机视觉中，大量的算法都可以在 HSB 色彩空间中方便使用，它们可以分开处理而且相互独立，因此 HSB 空间可以大大简化图像分析和处理的工作量。

在"颜色"面板菜单中选择"HSB"命令，即可将"颜色"面板的颜色显示切换到 HSB

模式，如图 2.15 所示。可以通过拖动滑块或修改参数来设置颜色，注意 H 数值在 0 ~ 360 范围内，S 和 B 数值在 0 ~ 100 范围内，也可以在色带中吸取颜色。HSB 模式更适宜于同种颜色中不同饱和度的调整。

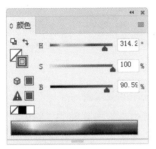

图2.15 HSB模式

2.2.4 CMYK模式

CMYK 模式主要应用于图像的打印输出，该模式是基于商业打印的油墨吸收光线，当白光落在油墨上时，一部分光被油墨吸收了，没有吸收的光就返回到眼睛中。青色（C）、洋红（M）和黄色（Y）这 3 种色素能组合起来吸收所有的颜色以产生黑色，因此它属于减色模式，所有商业打印机使用的都是减色模式。但是因为所有的打印油墨都包含了一些不纯的东西，因此这 3 种油墨实际产生了一种浑浊的棕色，必须结合黑色油墨才能产生真正的黑

色。结合这些油墨来产生颜色被称为四色印刷打印。CMYK 色彩模型中色彩的混合正好和 RGB 色彩模式相反。

当使用 CMYK 模式编辑图像时，应当十分小心，因为通常都习惯于编辑 RGB 图像，在 CMYK 模式下编辑需要一些新的方法，尤其是编辑单个色彩通道时。在 RGB 模式中查看单色通道时，白色表示高亮度色，黑色表示低亮度色；在 CMYK 模式中正好相反，当查看单色通道时，黑色表示高亮度色，白色表示低亮度色。

在"颜色"面板菜单中选择"CMYK"命令，即可将"颜色"面板的颜色显示切换到 CMYK 模式，如图 2.16 所示。可以通过拖动滑块或修改参数来设置颜色，注意 C、M、Y、K 数值都在 0 ~ 100 范围内，也可以在色带中吸取颜色。

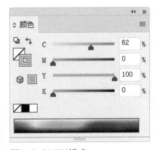

图2.16 CMYK模式

2.3 "色板"面板

"色板"面板主要用来存放颜色，包括颜色、渐变和图案等。使用"色板"面板可以使图形填充和描边变得更加方便。执行菜单栏中的"窗口"|"色板"命令，即可打开如图 2.17 所示的"色板"面板。

单击"色板"面板右上角的菜单按钮≡，可以弹出"色板"面板菜单，利用相关的菜单命令，可以对"色板"进行更加详细的设置。

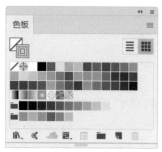

图2.17 "色板"面板

"色板"在默认状态下显示了多种颜色，如果想使用更多的预设颜色，可以从"色板"面板菜单中选择"打开色板库"命令，从子菜单中选择更多的颜色，也可以单击"色板"面板左下角的"'色板库'菜单"按钮 📖，从弹出的下拉菜单中选择更多的颜色。

默认状态下"色板"面板显示了所有的颜色信息，包括颜色、渐变、图案和颜色组，如果想单独显示不同的颜色信息，可以单击"显示'色板类型'菜单"按钮 ▦，从弹出的下拉菜单中选择相关的菜单命令。

2.3.1 新建色板 重点

新建色板就是在"色板"面板中添加新的颜色块。如果在当前"色板"面板中，没有找到需要的颜色，这时可以应用"颜色"面板或其他方式创建新的颜色，为了以后使用的方便，可以将新建的颜色添加到"色板"面板中，创建属于自己的色板。

新建色板有两种操作方法：一种是使用拖动的方法来添加颜色；另一种是使用"新建色板"按钮 来添加颜色。

1. 拖动法添加颜色

首先打开"颜色"面板并设置好需要的颜色，然后拖动该颜色到"色板"中，可以看到"色板"的周围产生一个蓝色的边框，并在光标的右下角出现一个"田"字形的标记，释放鼠标即可将该颜色添加到"色板"面板中。操作过程如图2.18所示。

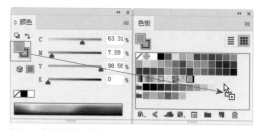

图2.18 拖动法添加颜色

2. 使用"新建色板"按钮添加颜色

在"色板"面板中，单击底部的"新建色板"按钮 ，如图2.19所示，将打开如图2.20所示的"新建色板"对话框。在该对话框中设置需要的颜色，然后单击"确定"按钮，即可将颜色添加到"色板"面板中。

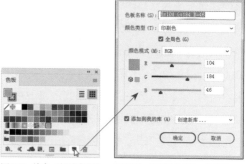

图2.19 单击"新建色板"　　图2.20 "新建色板"对话框
按钮

"新建色板"对话框中各选项的含义说明如下。

- **色板名称：**设置新颜色名称。
- **颜色类型：**设置新颜色的类型，包括印刷色和专色。
- **全局色：**勾选该复选框，在新颜色的右下角将出现一个小的三角形。使用全局色对不同的图形填充后，修改全局色将影响所有使用该颜色的图形对象。
- **颜色模式：**设置颜色的模式，并可以通过下方的滑块或数值修改颜色。

- **双击修改渐变颜色：** 双击要修改的渐变滑块，将弹出一个面板，包括"颜色" 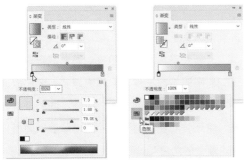和"色板" 两种改变颜色的方法，可以使用任意一种方法来修改渐变颜色，如图2.26所示。同样的方法可以修改其他渐变滑块的颜色。

技巧

如果"颜色"面板已经打开，可以直接选择"渐变"面板中的渐变滑块，然后在"颜色"面板中修改颜色。

图2.26 使用弹出的"颜色"或"色板"面板修改渐变颜色

提示

在应用渐变填充时，如果默认的渐变填充不能满足需要，可以执行菜单栏中的"窗口"|"色板库"|"渐变"命令，然后选择子菜单中的渐变选项，打开更多的预设渐变，以供不同需要使用。

2. 添加/删除渐变滑块

虽然 Illustrator CC 2018 为用户提供了很多预设渐变填充，但也无法完全满足用户的需要。用户根据自己的需要，可以在"渐变"面板中添加或删除渐变滑块，创建自己需要的渐变效果。

- **添加渐变滑块：** 将光标移动到"渐变"面板底部渐变滑块区域的空白位置，此时的光标右下角出现一个"+"字标记，单击鼠标左键即可添加一个渐变滑块。同样的方法可以在其他空白位置单击，添加更多的渐变滑块。添加渐变滑块的操作过程如图2.27所示。

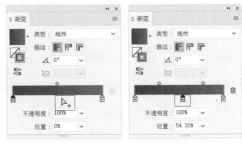

图2.27 添加渐变滑块

提示

添加完渐变滑块后，可以使用编辑渐变颜色的方法，修改新添加渐变滑块的颜色，以编辑所需颜色的渐变效果。

- **删除渐变滑块：** 要删除不需要的渐变滑块，可以将光标移动到该渐变滑块上，然后按住鼠标向"渐变"面板的下方拖动该渐变滑块，当"渐变"面板中该渐变滑块的颜色显示消失时释放鼠标，即可将该渐变滑块删除。删除渐变滑块的操作过程如图2.28所示。

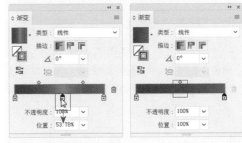

图2.28 删除渐变滑块

3. 修改渐变类型

渐变包括两种类型，一种是线性，一种是径向。线性即渐变颜色以线性的方式排列；径向即渐变颜色以圆形径向的形式排列。如果要修改渐变的填充类型，只需要选择填充渐变的图形后，在"渐变"面板的"类型"下拉列表中，选择相应的选项即可。线性渐变和径向渐变填充效果分别如图 2.29、图 2.30 所示。

图2.29 线性渐变　　图2.30 径向渐变

2.4.2 修改渐变角度和位置

渐变填充的角度和位置将决定渐变填充的效果，渐变的角度和位置可以利用"渐变"面板来修改，也可以使用"渐变工具" 来修改。

练习2-3 渐变角度和位置的调整 重点

难 度：★★
素材文件：无
案例文件：无
视频文件：第2章\练习2-3 渐变角度和位置的调整.avi

1.利用"渐变"面板修改

● **修改渐变的角度：** 选择要修改渐变角度的图形对象，在"渐变"面板的"角度"文本框中输入新的角度值，然后按Enter键即可。修改角度效果如图2.31所示。

图2.31 修改渐变角度

● **修改渐变位置：** 在"渐变"面板中，选择要修改位置的渐变滑块，可以从"位置"文本框中看到当前渐变滑块的位置。拖动渐变滑块或在"位置"文本框中输入新的数值，即可修改选中渐变滑块的位置。修改渐变位置效果如图2.32所示。

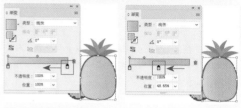

图2.32 修改渐变位置

2.利用"渐变工具"修改

"渐变工具"主要用来对图形进行渐变填充。利用该工具不仅可以填充渐变，还可以通过拖动起点和终点的位置，填充不同的渐变效果。使用"渐变工具"比使用"渐变"面板来修改渐变的角度和位置的最大好处是比较直观，而且修改方便。

要使用"渐变工具" 修改渐变填充，首先要选择填充渐变的图形，然后在工具箱中选择"渐变工具" ，在合适的位置按住鼠标确定渐变的起点，然后在不释放鼠标的情况下拖动鼠标确定渐变的方向，达到满意效果后释放鼠标，确定渐变的终点，这样就可以修改渐变填充了。修改渐变效果如图2.33所示。

图2.33 修改渐变

2.5 渐变网格填充

渐变网格填充类似于渐变填充，但比渐变填充具有更大的灵活性，它可以在图形上以创建网格的形式进行多种颜色的填充，而且不受任何其他颜色的限制。渐变填充具有一定的顺序性和规则性，而渐变网格填充则打破了这些规则，它可以任意在图形的任何位置填充渐变颜色，并可以使用直接选择工具修改这些渐变颜色的位置和效果。

2.5.1 渐变网格填充的创建

要想创建渐变网格填充，可以通过3种方法来实现：使用"创建渐变网格"命令、使用"扩展"命令和使用"网格工具" ，下面就来详细讲解这几种方法的使用。

1. 使用"创建渐变网格"命令

该命令可以为选择的图形创建渐变网格。首先选择一个图形对象，然后执行菜单栏中的"对象"|"创建渐变网格"命令，打开"创建渐变网格"对话框，在该对话框中可以设置渐变网格的相关信息。创建渐变网格效果如图2.34所示。

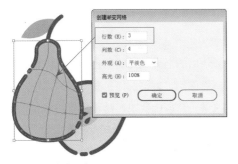

图2.34 创建渐变网格

"创建渐变网格"对话框各选项的含义说明如下。

- 行数：设置渐变网格的行数。
- 列数：设置渐变网格的列数。
- 外观：设置渐变网格的外观效果。可以从右侧的下拉列表中选择，包括"平淡色""至中心"和"至边缘"3个选项。
- 高光：设置颜色的淡化程度，数值越大，越接近白色。取值范围为0~100%。

2. 使用"扩展"命令

使用"扩展"命令可以将渐变填充的图形对象转换为渐变网格对象。首先选择一个具有渐变填充的图形对象，然后执行菜单栏中的"对象"|"扩展"命令，打开"扩展"对话框，在"扩展"选项组中可以选择要扩展的对象、填充或描边。然后在"将渐变扩展为"选项组中选择"渐变网格"单选按钮，单击"确定"按钮，即可将渐变填充转换为渐变网格填充。使用"扩展"命令操作效果如图2.35所示。

图2.35 使用"扩展"命令

3. 使用网格工具

使用网格工具创建渐变网格填充不同于前两种方法，它创建渐变网格更加方便和自由，它可以在图形中的任意位置单击创建渐变网格。

首先在工具箱中选择"网格工具" ，然后在工具箱中的填充颜色位置，设置好要填充的颜色，接着将光标移动到要创建渐变网格的图形上，此时光标将变成 形状，单击鼠标左键即可在当前位置创建渐变网格，并为其填充设置好的颜色。多次单击可以添加更多的渐变网格。使用网格工具添加渐变网格效果如图2.36所示。

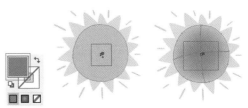

图2.36 使用网格工具添加渐变网格

2.5.2 渐变网格的编辑

前面讲解了渐变网格填充的创建方法，创建渐变网格后，如果对渐变网格的颜色和位置不满意，还可以对其进行详细的编辑调整。

在编辑渐变网格前，要先了解渐变网格的组成部分，这样更有利于编辑操作。选择渐变网格后，网格上会显示很多的点，与路径上的显示相同，这些点叫锚点；如果某个锚点为曲线点，还将在该点旁边显示出控制柄效果；创建渐变网格后，还会出现网格线组成的网格区域。渐变网格的组成如图2.37所示。熟悉这些元素后，就可以轻松编辑渐变网格了。

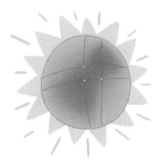

图2.37 渐变网格的组成

1. 选择和移动锚点或网格区域

要想编辑渐变网格，首先要选择渐变网格的锚点或网格区域。使用"网格工具" 可以选择锚点，但不能选择网格区域。所以一般都使用"直接选择工具" 选择锚点或网格区域，其使用方法与编辑路径的方法相同，只需要在锚点上单击，即可选择该锚点，选择的锚点将显示为黑色实心效果，而没有选中的锚点将显示为空心效果。选择网格区域的方法更加简单，只需要在网格区域中单击，即可将其选中。

使用"直接选择工具" 在需要移动的锚点上，按住鼠标拖动，到达合适的位置后释放鼠标，即可将该锚点移动。同样的方法可以移动网格区域。移动锚点的操作效果如图2.38所示。

图2.38 移动锚点

2. 为锚点或网格区域着色

创建后的渐变网格的颜色，还可以再次修改。首先使用"直接选择工具" 选择锚点或网格区域，然后确认工具箱中填充颜色为当前状态，单击"色板"面板中的某种颜色，即可为该锚点或网格区域着色。也可以使用"颜色"面板编辑颜色来填充。为锚点和网格区域着色效果如图2.39所示。

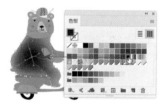

图2.39 为锚点和网格区域着色

2.6 图案填充

图案填充是一种特殊的填充，在"色板"面板中 Illustrator CC 2018 为用户提供了两种图案。图案填充会自动根据图案和所要填充对象的范围决定图案的拼贴效果。图案填充是一个非常简单但又相当有用的填充方式。除了使用预设的图案填充，还可以创建自己需要的图案填充。

2.6.1 使用图案色板

执行菜单栏中的"窗口"|"色板"命令，打开"色板"面板。在前面已经讲解过"色板"面板的使用，这里单击"显示'色板类型'菜单"按钮，选择"显示图案色板"命令，则"色板"面板中只显示图案填充，如图2.40所示。

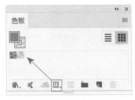

图2.40 "色板"面板

使用图案填充图形的操作方法十分简单。首先选中要填充的图形对象，然后在"色板"面板中单击要填充的图案图标，即可为选中的图形对象填充图案。图案填充效果如图2.41所示。

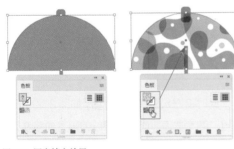

图2.41 图案填充效果

练习2-4 定义图案 重点

难　　度：★★
素材文件：第2章\整体图案.ai
案例文件：无
视频文件：第2章\练习2-4 定义图案.avi

Illustrator CC 2018 为用户提供了两种图案，这远远不能满足用户的需要。此时用户可以根据自己的需要，创建属于自己的图案。创建图案分为两种方法，一种是以整图定义图案，另一种是局部定义图案。

1. 整图定义图案

整图定义图案就是将整个图形定义为图案，该方法只需要选择定义图案的图形，然后应用相关命令，就可以将整个图形定义为图案了。整图定义图案的操作方法如下。

01 打开素材。执行菜单栏中的"文件"|"打开"命令，打开"整体图案.ai"文件，如图2.42所示。

图2.42 打开素材

02 在文档中，将打开的素材选中，然后将其拖动到"色板"面板中，当光标变成形状时，释放鼠标，即可创建一个新图案，如图2.43所示。

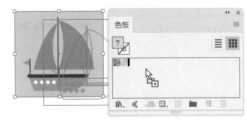

图2.43 创建新图案

03 绘制一个矩形，将刚创建的整体图案填充到这个矩形中，可以看到填充后的效果，如图2.44所示。

图2.44 图案填充效果

2. 局部定义图案

前面讲解了整图定义图案的方法，在有些时候，只需要某个图形的局部来制作图案，使用前面的方法就不能满足需要了，这时就可以应用局部定义图案的方法。具体的操作方法如下。

01 打开素材。执行菜单栏中的"文件"|"打开"命令，打开"整体图案.ai"文件，如图2.45所示。

02 选择工具箱中的"矩形工具" ，然后在打开的素材上需要定义图案的区域拖动绘制一个矩形，并将需要定义为图案的区域包括在里面，如图2.46所示。

图2.45 打开素材

图2.46 绘制矩形

03 选择刚绘制的矩形，将矩形的填充和描边的颜色都设置为无，然后执行菜单栏中的"对象"|"排列"|"置于底层"命令，将无色的矩形放置到素材的下方。

04 按Ctrl + A快捷键，将图形全部选中，将其拖动到"色板"面板中，如图2.47所示。

图2.47 将局部图案拖动到"色板"面板

05 绘制一个矩形，将刚创建的局部图案填充到这个矩形中，可以看到填充后的效果，如图2.48所示。

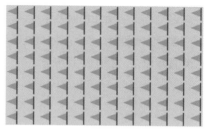
图2.48 图案填充效果

2.6.2 编辑图案 重点

创建图案后，如果对创建的图案不满意，可以随时编辑图案。

在"色板"面板中选择要编辑的图案，单击底部的"编辑图案"按钮 ，如图 2.49 所示。

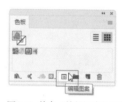
图2.49 单击"编辑图案"按钮

此时将进入图案编辑界面，如图 2.50 所示。通过"图案选项"面板，可以编辑当前图案。

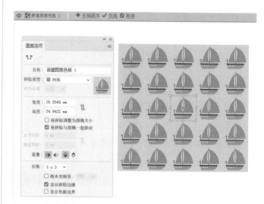
图2.50 图案编辑界面

图案编辑界面及"图案选项"面板中的各选项说明如下。

- **存储副本：**单击该按钮，可以将图案另存一个副本，在"色板"面板中可以看到该副本。
- **图案拼贴工具** ⊹ ⁺：单击该按钮，在图案拼贴位置将产生一个调整框，通过调整该调整框，可以修改图案效果，并在"图案选项"面板中看到修改的图案效果，如图2.51所示。

图2.51 修改图案效果

- **名称：**修改当前图案的名称。
- **拼贴类型：**在该下拉列表中，可以设置不同的拼贴类型，包括网格、砖形（按行）、砖形（按列）、十六进制（按列）、十六进制（按行），不同拼贴类型效果如图2.52所示。

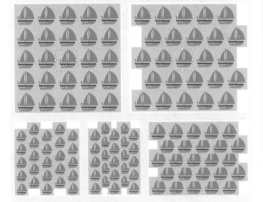

图2.52 不同拼贴类型效果

- **"宽度"和"高度"：**修改拼贴的整体大小。
- **将拼贴调整为图稿大小：**勾选该复选框，在修改图像大小时，拼贴将自动与图像大小匹配。图2.53所示为不勾选与勾选该复选框的修改效果对比。

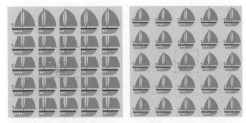

图2.53 不同修改效果

- **将拼贴与图稿一起移动：**勾选该复选框，在移动图案时，拼贴调整框将一起移动
- **"水平间距"和"垂直间距"：**设置拼贴图案的水平和垂直距离。
- **重叠：**设置图案拼贴产生重叠时的叠加顺序，包括"左侧在前" ◆、"右侧在前" ◆、"顶部在前" ◆和"底部在前" ◆4种。
- **份数：**设置拼贴的份数，包括1×1、3×3、5×5等，不同拼贴效果如图2.54所示。

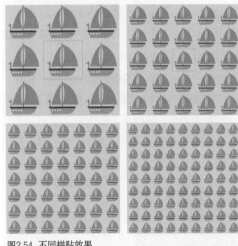

图2.54 不同拼贴效果

- **副本变暗至：**勾选该复选框，可以通过右侧的文本框指定副本的变暗程度，不同效果如图2.55所示。

图2.55 不同变暗效果

- **显示拼贴边缘**：勾选该复选框，将显示拼贴边缘。显示与不显示拼贴边缘的效果如图2.56所示。

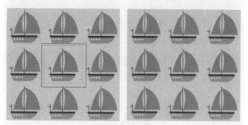

图2.56 显示与不显示拼贴边缘的效果

- **显示色板边界**：勾选该复选框，将显示色板边界。

2.6.3 变换图案 _{重点}

图案也可以像图形对象一样，进行缩放、旋转、倾斜和扭曲等多种操作，它与图形的操作方法相同，其实在前面也讲解过，这里再详细说明一下。下面就以将创建的图案填充旋转一定角度为例，来讲解图案的变换操作。

01 利用"矩形工具"▭在文档中绘制一个矩形，然后将其填充为前面创建的图案，如图2.57所示。

02 将矩形选中，执行菜单栏中的"对象"|"变换"|"旋转"命令，打开"旋转"对话框，如图2.58所示。

图2.57 填充图案

图2.58 "旋转"对话框

03 在"旋转"对话框中，设置"角度"的值为

45°分别勾选"变换对象"复选框和"变换图案"复选框，观察图形旋转的不同效果，如图2.59所示。

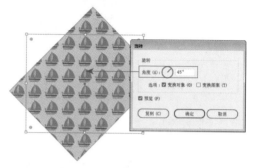

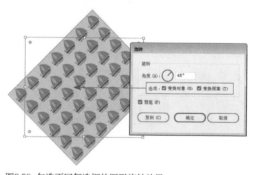

图2.59 勾选不同复选框的图形旋转效果

2.7 "透明度"面板

在 Illustrator CC 2018 中，可以通过"透明度"面板来调整图形的透明度。可以将一个对象的填色、描边或对象群组，从100%的不透明变更为0%的完全透明。当降低对象的透明度时，其下方的图形会透过该对象显示得更清楚。

2.7.1 图形透明度的设置

要设置图形的透明度，首先选择一个图形对象，然后执行菜单栏中的"窗口"|"透明度"命令，打开"透明度"面板，在"不透明度"文本框中输入新的数值，以设置图形的透明程度，如图2.60所示。

图2.60 设置图形透明度

2.7.2 建立不透明度蒙版 重点

调整不透明度参数值的方法，只能修改整个图形的透明程度，而不能局部调整图形的透明程度。如果想调整局部透明度，就需要应用不透明度蒙版。不透明度蒙版可以制作出透明过渡效果，通过一个蒙版图形来创建具有透明度过渡的效果。蒙版图形的颜色决定了透明的程度，如果蒙版图形为黑色，则应用蒙版后将完全不透明；如果蒙版图形为白色，则应用蒙版后将完全透明；介于白色与黑色之间的颜色，将根据其灰度的级别显示为半透明状态，灰色级别越高则越不透明。

建立不透明度蒙版的操作步骤如下。

01 在要建立蒙版的图形对象上，绘制一个蒙版图形，并将其放置到合适的位置。这里为了更好地说明颜色在蒙版中的应用，特意使用黑白渐变填充蒙版图形，然后将两个图形全部选中，如图2.61所示。

图2.61 要建立蒙版的图形及蒙版图形

02 单击"透明度"面板中的"制作蒙版"按钮，即可为图形创建不透明度蒙版，如图2.62所示。

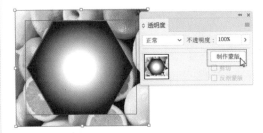

图2.62 建立不透明度蒙版

2.7.3 不透明度蒙版的修改 重点

制作不透明度蒙版后，如果不满意蒙版效果，还可以在不释放不透明度蒙版的情况下，对蒙版图形进行编辑修改。创建不透明度蒙版后的"透明度"面板如图2.63所示，各选项的含义说明如下。

图2.63 "透明度"面板

- 原图：显示要应用蒙版的图形预览，单击该区域将选择原图形。
- "指示不透明度蒙版链接到图稿"按钮：该按钮用来链接蒙版与原图形，以便在修改时同时修改。单击该按钮可以取消链接。链接和不链接修改图形大小的效果如图2.64所示。

图2.64 链接和不链接修改图形大小的效果

- 蒙版图形：显示创建的蒙版图形。单击该区域，可以选择蒙版图形，如图2.65所示。如果按住Alt键的同时单击该区域，将选择蒙版图形，并且只显示蒙版图形效果，如图2.66所示。选择蒙版图形后，可以利用相关的工具对蒙版图形进行编辑，比如放大、缩小和旋转等操作，也可以使用"直接选择工具"修改蒙版图形的路径。

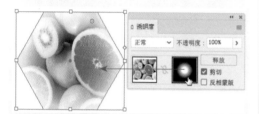

图2.65 单击选择效果

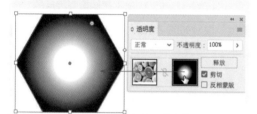

图2.66 按住Alt键单击选择效果

- 剪切：勾选该复选框，可以将蒙版以外的图形全部剪切掉；如果不勾选该复选框，蒙版以外的图形也将显示出来。
- 反向蒙版：勾选该复选框，可以将蒙版反向处理，即原来透明的区域变成不透明。

练习2-5 利用混合模式制作放大镜

难　度：	★★
素材文件：	无
案例文件：	第2章\放大镜.ai
视频文件：	第2章\练习2-5 利用混合模式制作放大镜.avi

01 选择工具箱中的"矩形工具" ▭，绘制一个与画板相同大小的矩形，将"填色"更改为蓝色（R：50，G：163，B：195），"描边"为无。

02 选择工具箱中的"椭圆工具" ⬭，将"填色"更改为无，"描边"为深蓝色（R：4，G：61，B：90），"描边粗细"为6，按住Shift键绘制一个正圆图形，按Ctrl+C快捷键将其复制，如图2.67所示。

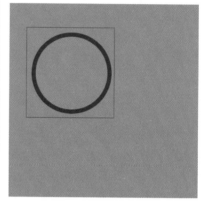

图2.67 绘制正圆

03 按Ctrl+F快捷键粘贴圆形，将粘贴的圆角"填色"更改为白色，"描边"更改为无，再将其等比缩小，如图2.68所示。

04 选择工具箱中的"渐变工具" ▭，在图形上拖动为其填充透明到白色的线性渐变，如图2.69所示。

图2.68 复制并缩小图形　　图2.69 填充渐变

05 选中白色渐变图形，在"透明度"面板中，将其模式更改为叠加，如图2.70所示。

06 选择工具箱中的"矩形工具" ▭，在圆形右下方绘制一个小矩形，将"填色"更改为深蓝色（R：4，G：61，B：90），"描边"为无，如图2.71所示。

图2.70 更改模式

图2.71 绘制矩形

07 在小矩形右下方位置再次绘制一个橙色（R: 252，G: 126，B: 21）矩形，如图2.72所示。

08 选择工具箱中的"钢笔工具" ✐，绘制一个不规则图形，设置"填色"为白色，"描边"为无，如图2.73所示。

图2.72 绘制矩形

图2.73 绘制不规则图形

09 选中不规则图形，执行菜单栏中的"效果"|"模糊"|"高斯模糊"命令，在弹出的对话框中将"半径"更改为4像素，单击"确定"按钮，这样就完成了放大镜制作，最终效果如图2.74所示。

图2.74 最终效果

2.8 拓展训练

颜色在设计中起到非常重要的作用，本章主要对颜色填充进行了详细的讲解，并根据实际应用安排了 3 个不同类型的拓展训练，以帮助读者快速掌握颜色填充的技巧。

训练2-1 利用单色填充绘制彩色矩形

◆ **实例分析**

本例主要讲解利用单色填充完成彩色矩形的制作，最终效果如图 2.75 所示。

难　　度：	★
素材文件：	无
案例文件：	第 2 章＼彩色矩形 .ai
视频文件：	第 2 章＼训练 2-1 利用单色填充绘制彩色矩形 .avi

图2.75 最终效果

◆本例知识点

1．颜色填充
2．“矩形工具” □

训练2-2 利用渐变填充制作立体小球

◆实例分析

本例主要讲解利用渐变填充制作立体小球，最终效果如图 2.76 所示。

难　度：★ ★
素材文件：无
案例文件：第 2 章 \ 立体小球 .ai
视频文件：第 2 章 \ 训练 2-2 利用渐变填充制作立体小球 .avi

图2.76　最终效果

◆本例知识点

1．“渐变工具” □
2．“钢笔工具” ✐
3．“椭圆工具” ◯

训练2-3 利用定义图案制作祥云背景

◆实例分析

本例主要讲解利用定义图案制作祥云背景，最终效果如图 2.77 所示。

难　度：★ ★
素材文件：无
案例文件：第 2 章 \ 祥云背景 .ai
视频文件：第 2 章 \ 训练 2-3 利用定义图案制作祥云背景 .avi

图2.77　最终效果

◆本例知识点

1．“螺旋线工具” ◎
2．“连接”命令
3．图案的创建

第 **3** 章

基本图形的绘制技巧

本章首先介绍了路径和锚点的概念，接着讲解了如何利用"钢笔工具"绘制路径，然后介绍了基本图形的绘制，包括直线、弧线、螺旋线等，还介绍了几何图形的绘制，包括矩形、椭圆和多边形等。不仅讲解了基本的绘图方法，而且详细讲解了各工具的参数设置，这对于精确绘图有很大的帮助。通过本章的学习，读者能够进一步掌握各种绘图工具的使用技巧，并利用简单的工具绘制出精美的图形。

教学目标

了解路径和锚点的含义
掌握钢笔工具的不同使用技巧
掌握简单线条形状的绘制
掌握简单几何图形的绘制
掌握白由绘图工具的使用

3.1 认识路径和锚点

路径和锚点（节点）是矢量绘图中的重要概念。任何一种矢量绘图软件的绘图基础都是建立在对路径和锚点的操作之上的。Illustrator 最吸引人之处就在于它能够把非常简单的、常用的几何图形组合起来并作色彩处理，生成具有奇妙形状和丰富色彩的图形。这一切得以实现是因为引入了路径和锚点的概念。本节重点介绍 Illustrator CC 2018 中的各种路径和各种锚点。

3.1.1 路径

在 Illustrator CC 2018 中，使用绘图工具绘制的所有对象，无论是单一的直线、曲线对象或者是矩形、多边形等几何形状，甚至使用文本工具录入的文本对象，都可以称为路径，这是矢量绘图中一个相当特殊但又非常重要的概念。绘制一条路径之后，可对它进行编辑，改变它的大小、形状、位置和颜色。

路径是由一条或多条线段或曲线组成，在 Illustrator CC 2018 中的路径根据使用的习惯以及不同的特性可以分为 3 种类型：开放路径、封闭路径和复合路径。

1. 开放路径

开放路径是指像直线或曲线那样的图形对象，它们的起点和终点没有连在一起，如图 3.1 所示。如果要填充一条开放路径，则程序将会在两个端点之间绘制一条假想的线并且填充该路径。

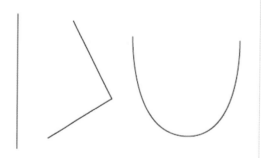

图3.1 开放路径

2. 封闭路径

封闭路径是指起点和终点相互连接着的图形对象，如矩形、椭圆和圆、多边形等，如图 3.2 所示。

图3.2 封闭路径

3. 复合路径

复合路径是一种较为复杂的路径对象，它是由两个或多个开放或封闭的路径组成，可以利用菜单"对象"|"复合路径"|"建立"命令来制作复合路径，也可以利用菜单"对象"|"复合路径"|"释放"命令将复合路径释放。

3.1.2 锚点

锚点也叫节点，是控制路径外观的重要组成部分，通过移动锚点，可以修改路径的形状。使用"直接选择工具" ▶.选择路径时，将显示该路径的所有锚点。在 Illustrator 中，根据锚点属性的不同，可以将它们分为两种，分别是角点和平滑点，如图 3.3 所示。

1. 角点

角点是指能够使通过它的路径的方向发生突然改变的锚点。如果在锚点上两条直线相交成一个明显的角度，这种锚点就叫作角点。角点的两侧没有控制柄。

2. 平滑点

在 Illustrator CC 2018 中，曲线对象使用最多的锚点就是平滑点，在平滑点某一侧或两侧将出现控制柄，而且控制柄是独立的，可以单独操作以改变路径曲线。有时平滑点的一侧是直线，另一侧是曲线。

图3.3 角点和平滑点

练习3-1 使用添加锚点工具制作 水果图案

难　　度:	★ ★
素材文件: 无	
案例文件: 第 3 章 \ 水果图案 .ai	
视频文件: 第 3 章 \ 练习 3-1　使用添加锚点工具制作水果图案 .avi	

01 选择工具箱中的"椭圆工具" ⬭ ，按住Shift键绘制一个正圆图形。选择工具箱中的"渐变工具" ▣ ，在图形上拖动为其填充黄色（R：250，G：220，B：0）到橙黄色（R：240，G：180，B：0）的线性渐变，如图3.4所示。

02 选择工具箱中的"添加锚点工具" ✒ ，在圆形边缘上单击添加数个锚点，如图3.5所示。

图3.4 绘制图形　　　　图3.5 添加锚点

03 选择工具箱中的"直接选择工具" ▷ ，拖动图形锚点，将其变形，如图3.6所示。

04 选中图形，按Ctrl+C快捷键将其复制，再按Ctrl+F快捷键将其粘贴，将粘贴的图形等比缩小，如图3.7所示。

图3.6 将图形变形　　　　图3.7 复制并缩小图形

05 选中缩小后的图形，为其填充浅黄色（R：250，G：240，B：200）到黄色（R：245，G：240，B：135）的径向渐变，如图3.8所示。

06 选择工具箱中的"钢笔工具" ✒ ，绘制一个不规则图形。选择工具箱中的"渐变工具" ▣ ，在图形上拖动为其填充黄色（R：250，G：240，B：150）到深黄色（R：250，G：220，B：0）的线性渐变，如图3.9所示。

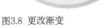

图3.8 更改渐变　　　　图3.9 绘制图形

07 选择工具箱中的"旋转工具" ⟳ ，将光标移动到图形的右下角单击，将旋转中心点调整到图形的右下角，然后按住Alt键的同时拖动，将图形旋转一定的角度，复制一个图形。

08 旋转复制图形后，多次按Ctrl + D快捷键，将图形复制多个，直到完成整个图形，并同时选中这些小图形移至大圆位置，如图3.10所示。

图3.11 复制并缩小图形

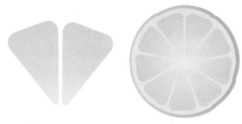

图3.10 复制图形

09 同时选中所有图形，按住Alt键向右侧拖动，将图形复制，然后将复制生成的图形等比缩小，如图3.11所示。

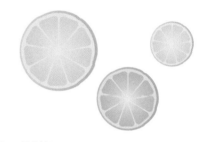

10 以同样方法将图形再复制1份，并更改复制生成的图形颜色，这样就完成了水果图案的制作，最终效果如图3.12所示。

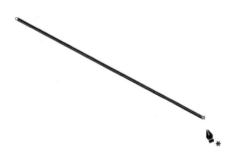

图3.12 最终效果

3.2 钢笔工具的使用

钢笔工具是 Illustrator 里功能最强大的工具之一，利用钢笔工具可以绘制各种各样的图形。用钢笔工具可以轻松绘制直线和相当精确的平滑、流畅曲线。

3.2.1 运用钢笔工具绘制直线

利用钢笔工具绘制直线是相当简单的，首先从工具箱中选择"钢笔工具" ✎ ，把光标移到绘图区，在任意位置单击一点作为起点，然后移动光标到适当位置单击确定第 2 点，两点间就出现了一条直线，如图 3.13 所示。如果继续单击，则又在落点与上一次单击点之间画出一条直线。

图3.13 绘制直线

3.2.2 运用钢笔工具绘制曲线 重点

选择钢笔工具，在绘图区单击确定起点，然后移动光标到合适的位置，按住鼠标向所需的方向拖动绘制第 2 点，即可得到一条曲线；同样的方法可以继续绘制更多的曲线。如果在绘制起点时按住鼠标拖动，可以将起点也绘制成曲线点。在拖动绘制曲线时，将出现两个控制柄，控制柄的长度和坡度将决定曲线的形状。绘制过程如图 3.14 所示。

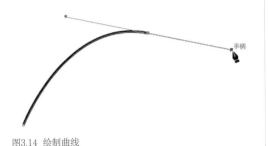

图3.14 绘制曲线

3.2.3 运用钢笔工具绘制封闭图形

下面利用钢笔工具来绘制一个封闭的心形。首先在绘图区单击绘制起点；然后在适当的位置单击拖动，绘制出第 2 个曲线点，即心形的左肩部；然后在下方单击拖动绘制心形的第 3 点；在心形的右肩部单击拖动，绘制第 4 点；将光标移动到起点上，当放置正确时在指针的旁边出现一个小的圆环🔄，单击封闭该路径。绘制过程如图 3.15 所示。

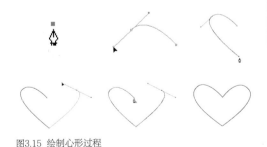

图3.15 绘制心形过程

3.2.4 钢笔工具的其他功能

钢笔工具不但可以绘制直线和曲线，还可以在绘制过程中添加和删除锚点、重绘路径和连接路径，具体的操作介绍如下。

1. 添加/删除锚点

在绘制路径的过程中，或选择一个已经绘制完成的路径图形，选择钢笔工具，将光标靠近路径线段，当钢笔光标的右下角出现一个加号🖊₊时单击，即可在此处添加一个锚点，操作过程如图 3.16 所示。如果要删除锚点，可以将光标移动到路径锚点上，当光标右下角出现一个减号🖊时单击，即可将该锚点删除。

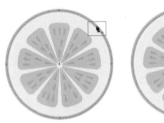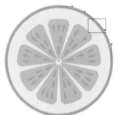

图3.16 添加锚点过程

2. 重绘路径

在绘制路径的过程中，如果不小心中断了绘制，此时再次绘制的路径将与刚才的路径独立，不再是一个路径了。如果想从刚才的路径点重新绘制下去，就可以应用重绘路径的方法来继续绘制。

首先选择“钢笔工具”🖊，接着将光标移动到要重绘的路径锚点处，当光标变成🖊状时单击，此时可以看到该路径变成选中状态，然后就可以继续绘制路径了。操作过程如图 3.17 所示。

图3.17 重绘路径操作过程

3. 连接路径

在绘制路径的过程中，利用钢笔工具还可

以将两条独立的开放路径连接成一条路径。首先选择"钢笔工具" ，接着将光标移动到一条路径的要连接的锚点处，当光标变成 状时单击，然后将光标移动到另一条路径的要连接的锚点上，当光标变成 状时单击，即可将两条独立的路径连接起来，连接时系统会根据两个锚点最近的距离生成一条连接线。操作过程如图 3.18 所示。

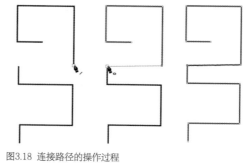

图3.18 连接路径的操作过程

3.3 绘制简单的线条形状

Illustrator CC 2018 为用户提供了简单线条形状的绘制工具，包括"直线段工具" 、"弧形工具" 和"螺旋线工具" ，利用这些工具，可以轻松地绘制各种简单的线条形状。

3.3.1 绘制直线段 重点

"直线段工具" 主要用来绘制不同的直线段，可以使用直接绘制的方法来绘制直线段，也可以利用"直线段工具选项"对话框来精确绘制直线段，具体的操作方法介绍如下。

在工具箱中选择"直线段工具" ，然后在绘图区的适当位置按下鼠标左键确定直线段的起点，接着在按住鼠标不放的情况下向所需的位置拖动，当到达满意的位置时释放鼠标，即可绘制一条直线段，如图 3.19 所示。

图3.19 绘制直线段过程

也可以利用"直线段工具选项"对话框精确绘制直线段。首先选择"直线段工具" ，在绘图区内单击确定起点，将弹出如图 3.20 所示的"直线段工具选项"对话框。在其中的"长度"

文本框中输入直线段的长度值；在"角度"文本框中输入所绘直线段的角度；如果勾选"线段填色"复选框，绘制的直线段将具有内部填充的属性。完成后单击"确定"按钮，即可绘制出直线段。

图3.20 "直线段工具选项"对话框

3.3.2 绘制弧线段 重点

弧线段的绘制方法与绘制直线段的方法相同，利用弧形工具可以绘制任意的弧形和弧线，具体的操作方法介绍如下。

在工具箱中选择"弧形工具" ，然后在绘图区的适当位置按下鼠标左键确定弧线段的起点，接着在按住鼠标不放的情况下向所需的位置拖动，当到达满意的位置时释放鼠标，即可绘制一条弧线段，如图 3.21 所示。

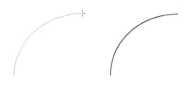

图3.21 弧线段绘制过程

也可以利用"弧线段工具选项"对话框精确绘制弧线或弧形。首先选择"弧形工具" ，在绘图区内单击确定起点，将弹出如图 3.22 所示的"弧线段工具选项"对话框。

图3.22 "弧线段工具选项"对话框

在"X 轴长度"文本框中输入弧形水平长度值；在"Y 轴长度"文本框中输入弧形竖直长度值；在基准点 上可以设置弧线的基准点。在"类型"下拉列表中选择弧形为开放路径或封闭路径；在"基线轴"下拉列表中选择弧形方向，指定 X 轴（水平）或 Y 轴（竖直）基准线；在"斜率"文本框中，指定弧形斜度的方向，负值偏向"凹"方，正值偏向"凸"方，也可以直接拖动滑块来确定斜率；如果勾选"弧线填色"复选框，绘制的弧线将自动填充颜色。完成后单击"确定"按钮，即可绘制出弧线或弧形。

3.3.3 绘制螺旋线

螺旋线工具可以根据设定的条件数值，绘制螺旋状的图形。在工具箱中选择"螺旋线工具"

，然后在绘图区的适当位置按下鼠标确定螺旋线的中心点，然后在按住鼠标不放的情况下向外拖动，当到达满意的位置时释放鼠标，即可绘制一条螺旋线。绘制过程如图 3.23 所示。

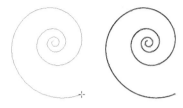

图3.23 螺旋线绘制过程

也可以利用"螺旋线"对话框精确绘制螺旋线。首先选择"螺旋线工具" ，在绘图区内单击确定螺旋线的中心点，将弹出图 3.24 所示的"螺旋线"对话框。

图3.24 "螺旋线"对话框

在"半径"文本框中输入螺旋线的半径值，用来指定螺旋形中心点至最外侧点的距离；在"衰减"文本框中输入螺旋线的衰减值，指定螺旋形的每一圈与前一圈相比之下，减少的数量。在"段数"文本框中输入螺旋线的区段数，螺旋形状的每一整圈包含 4 个区段，也可单击左侧的箭头来修改段数值。在"样式"选项中设计螺旋线的方向，包括顺时针 和逆时针 。完成后单击"确定"按钮，即可绘制出螺旋线。

3.4 绘制网格

Illustrator CC 2018 为用户提供了两种绘制网格的图形工具，分别是"矩形网格工具" 和"极坐标网格工具" ，利用这两种网格工具，可以轻松地绘制出所需要的网格效果。

3.4.1 绘制矩形网格

矩形网格工具可以根据设定的条件数值快速绘制矩形网格。在工具箱中选择"矩形网格工具"囲，然后在绘图区的适当位置按下鼠标确定矩形网格的起点，接着在按住鼠标不放的情况下向需要的位置拖动，当到达满意的位置时释放鼠标，即可绘制一个矩形网格。绘制过程如图 3.25 所示。

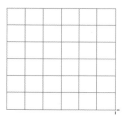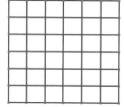

图3.25 矩形网格绘制过程

也可以利用"矩形网格工具选项"对话框精确绘制矩形网格。首先选择"矩形网格工具"囲，在绘图区内单击确定矩形网格的起点，将弹出如图 3.26 所示的"矩形网格工具选项"对话框。

图3.26 "矩形网格工具选项"对话框

"矩形网格工具选项"对话框中的各选项说明如下。

- **默认大小**：设置矩形网格整体的大小。"宽度"用来指定整个网格的宽度，"高度"用来指定整个网格的高度。
- **基准点**囗：设置绘制网格时的参考点，就是确

认单击时的起点位置位于网格的哪个角。

- **水平分隔线**：在"数量"文本框中输入在网格上下之间出现的水平分隔线数目，"倾斜"选项用来决定水平分隔线偏向上方或下方的偏移量。
- **垂直分隔线**：在"数量"文本框中输入在网格左右之间出现的垂直分隔线数目，"倾斜"选项用来决定垂直分隔线偏向左方或右方的偏移量。
- **使用外部矩形作为框架**：将外部矩形作为框架使用，决定是否用一个矩形对象取代上、下、左、右的线段。
- **填色网格**：勾选该复选框，使用当前的填色颜色填满网格线，否则填充色就会被设定为无。

3.4.2 绘制极坐标网格

"极坐标网格工具" ⊛ 的使用方法与矩形网格工具相同。在工具箱中选择"极坐标网格工具" ⊛，然后在绘图区的适当位置按下鼠标确定极坐标网格的起点，接着在按住鼠标不放的情况下向需要的位置拖动，当到达满意的位置时释放鼠标，即可绘制一个极坐标网格。绘制过程如图 3.27 所示。

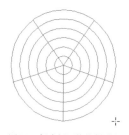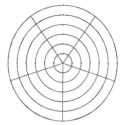

图3.27 极坐标网格绘制过程

也可以利用"极坐标网格工具选项"对话框精确绘制极坐标网格。首先选择"极坐标网格工具" ⊛，在绘图区内单击确定极坐标网格的起点，将弹出如图 3.28 所示的"极坐标网格工具选项"对话框。

图3.28 "极坐标网格工具选项"对话框

"极坐标网格工具选项"对话框中的各选项说明如下。

- **默认大小：**设置极坐标网格的大小。"宽度"用来指定极坐标网格的宽度，"高度"用来指定极坐标网格的高度。
- **基准点 :**设置绘制极坐标网格时的参考点，就是确认单击时的起点位置。
- **同心圆分隔线：**在"数量"文本框中输入在网

格中出现的同心圆分隔线数目，然后在"倾斜"文本框中输入向内或向外偏移的数值，以决定同心圆分隔线偏向网格内侧或外侧的偏移量。

- **径向分隔线：**在"数量"文本框中输入在网格圆心和圆周之间出现的径向分隔线数目。然后在"倾斜"文本框中输入向下方或向上方偏移的数值，以决定径向分隔线偏向网格的顺时针或逆时针方向的偏移量。
- **从椭圆形创建复合路径：**根据椭圆形建立复合路径，可以将同心圆转换为单独的复合路径，而且每隔一个圆就填色。勾选与不勾选该复选框的填充效果对比，如图3.29所示。

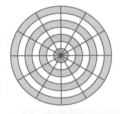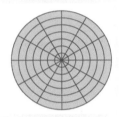

图3.29 勾选与不勾选复选框的填充效果对比

- **填色网格：**勾选该复选框，将使用当前的填色颜色填满网格，否则填充色就会被设定为无。

3.5 绘制简单的几何图形

Illustrator CC 2018 为用户提供了几种简单的几何图形工具，利用这些工具可以轻松绘制几何图形，主要包括"矩形工具" 、"圆角矩形工具" 、"椭圆工具" 、"多边形工具" 、"星形工具" 和"光晕工具" 。

练习3-2 绘制矩形和圆角矩形

难　度：	★
素材文件：	无
案例文件：	无
视频文件：	第3章\练习3-2 绘制矩形和圆角矩形 .avi

矩形工具主要用来绘制长方形和正方形，是最基本的绘图工具之一，可以使用以下几种方法

来绘制矩形。

1. 使用拖动法绘制矩形

在工具箱中选择"矩形工具" ，此时光标将变成十字形，然后在绘图区中适当位置按下鼠标确定矩形的起点，接着在按住鼠标不放的情况下向需要的位置拖动，当到达满意的位置时释放鼠标，即可绘制一个矩形。绘制过程如图 3.30 所示。

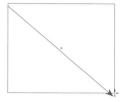

图3.30 直接拖动绘制矩形

使用"矩形工具"绘制矩形，第 1 次单击的起点的位置并不会发生变化，当向不同方向拖动不同距离时，可以得到不同形状、不同大小的矩形。

2. 精确绘制矩形

在绘图过程中，很多情况下需要绘制尺寸精确的图形。如果需要绘制尺寸精确的长方形或正方形，用拖动鼠标的方法显然不行。这时就需要使用"矩形"对话框来精确绘制矩形。

首先在工具箱中选择"矩形工具" ▢ ，然后将光标移动到绘图区合适的位置单击，将弹出如图 3.31 所示的"矩形"对话框。

图3.31 "矩形"对话框

在"宽度"文本框中输入合适的宽度值；在"高度"文本框中输入合适的高度值，然后单击"确定"按钮，即可创建一个尺寸精确的矩形。

3. 绘制圆角矩形

圆角矩形工具的使用方法与矩形工具相同，直接拖动鼠标可绘制具有一定圆角度的长方形或正方形，如图 3.32 所示。

图3.32 直接拖动绘制圆角矩形

当然，也可以像绘制矩形一样精确绘制圆角矩形。首先在工具箱中选择"圆角矩形工具" ▢ ，然后将光标移动到绘图区合适的位置单击，将弹出如图 3.33 所示的"圆角矩形"对话框。

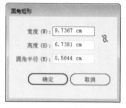

图3.33 "圆角矩形"对话框

在"宽度"文本框中输入数值，指定圆角矩形的宽度；在"高度"文本框中输入数值，指定圆角矩形的高度；在"圆角半径"文本框中输入数值，指定圆角矩形的圆角半径大小。然后单击"确定"按钮，即可创建一个尺寸精确的圆角矩形。

练习3-3 绘制椭圆 重点

难　　度：	★
素材文件：	无
案例文件：	无
视频文件：	第 3 章 \ 练习 3-3 绘制椭圆 .avi

"椭圆工具" ⬭ 的使用方法与"矩形工具"相同，直接拖动鼠标可绘制一个椭圆或正圆。绘制过程如图 3.34 所示。

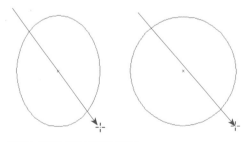

图3.34 直接拖动绘制椭圆或正圆

当然，也可以像绘制矩形一样精确绘制椭圆或正圆。首先在工具箱中选择"椭圆工具" ⬭ ，然后将光标移动到绘图区合适的位置单击，将弹出如图 3.35 所示的"椭圆"对话框。

图3.35 "椭圆"对话框

在"宽度"文本框中输入数值,指定椭圆的宽度值,即横轴长度;在"高度"文本框中输入数值,指定椭圆的高度值,即纵轴长度;如果输入的宽度值和高度值相同,绘制出来的就是正圆。然后单击"确定"按钮,即可创建一个尺寸精确的椭圆或正圆。

 练习3-4 绘制多边形 **重点**

难　度:	★
素材文件:	无
案例文件:	无
视频文件:	第3章\练习3-4 绘制多边形.avi

利用多边形工具可以绘制各种多边形,如三角形、五边形、十边形等。多边形的绘制与其他图形稍有不同,在拖动时它的单击点为多边形的中心点。

在工具箱中选择"多边形工具" ⬡,然后在绘图区适当位置按下鼠标并向外拖动,即可绘制一个多边形,其中鼠标落点是图形的中心点,鼠标的释放位置为多边形的一个角点,拖动的同时可以转动多边形角点位置。绘制过程如图 3.36 所示。

图3.36 绘制多边形

也可以用数值方法绘制精确的多边形。选中多边形工具之后,单击屏幕的任何位置,将会弹出如图 3.37 所示的"多边形"对话框。

图3.37 "多边形"对话框

在"半径"文本框中输入数值,指定多边形的半径大小;在"边数"文本框中输入数值,指定多边形的边数。然后单击"确定"按钮,即可创建一个尺寸精确的多边形。

 练习3-5 绘制星形 **重点**

难　度:	★
素材文件:	无
案例文件:	无
视频文件:	第3章\练习3-5 绘制星形.avi

"星形工具" ☆ 可以绘制各种星形,使用方法与"多边形工具"相同,直接拖动即可绘制一个星形。在绘制星形时,如果按住 ~ 键、Alt + ~ 键或 Shift + ~ 键,可以绘制出不同的多个星形效果,其效果分别如图 3.38、图 3.39、图 3.40 所示。

图3.38 按住~键　　图3.39 按住Shift　　图3.40 按住Alt +
绘制的星形　　　　+ ~ 键绘制的星形　　~ 键绘制的星形

也可以使用"星形"对话框精确绘制星形。在工具箱中选择"星形工具" ☆,然后在绘图区适当位置单击,则会弹出如图 3.41 所示的"星形"对话框。

在"半径 1"文本框中输入数值,指定星形中心点到星形最外部点的距离；在"半径2"文本框中输入数值，指定星形中心点到星形内部点的距离；在"角点数"文本框中输入数值，指定星形的角点数目。然后单击"确定"按钮，即可创建一个尺寸精确的星形。

图3.41 "星形"对话框

练习3-6 绘制光晕

难 度：★★
素材文件：无
案例文件：
视频文件：第3章\练习3-6 绘制光晕.avi

光晕工具可以模拟相机拍摄时产生的光晕效果。光晕的绘制与其他图形的绘制很不相同，首先选择"光晕工具"，然后在绘图区的适当位置按住鼠标拖动绘制出光晕效果，达到满意效果后释放鼠标，接着在合适的位置单击确定光晕的方向，这样就绘制出光晕效果，如图3.42所示。

图3.42 绘制光晕

如果想精确绘制光晕，可以在工具箱中选择"光晕工具"，然后在绘图区的适当位置单击，弹出如图3.43所示的"光晕工具选项"对话框，对光晕进行详细的设置。

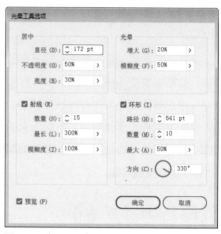

图3.43 "光晕工具选项"对话框

"光晕工具选项"对话框中的各选项说明如下。

- **居中**：设置光晕中心的光环。"直径"用来指定光晕中心光环的大小。"不透明度"用来指定光晕中心光环的不透明度，值越小，光环越透明。"亮度"用来指定光晕中心光环的明亮程度，值越大，光环越明亮。
- **光晕**：设置光环外部的光晕。"增大"用来指定光晕的大小，值越大，光晕也就越大。"模糊度"用来指定光晕的羽化柔和程度，值越大越柔和。
- **射线**：勾选该选项，可以设置光环周围的光线。"数量"用来指定射线的数目。"最长"用来指定射线的最长值，以此来确定射线的变化范围。"模糊度"用来指定射线的羽化柔和程度，值越大越柔和。
- **环形**：设置外部光环及尾部方向的光环。"路径"用来指定尾部光环的偏移数值。"数量"用来指定光圈的数量。"最大"用来指定光圈的最大值，以此来确定光圈的变化范围。
- **方向**：设置光圈的方向，可以直接在文本框中输入数值，也可以拖动其右侧的指针来调整光圈的方向。

3.6 自由绘图工具

除了前面讲过的线条绘制和几何图形绘制，还可以选择以徒手形式来绘制图形。徒手绘图工具包括"Shaper工具" 、"铅笔工具" ✏、"平滑工具" ✏、"路径橡皮擦工具" ✎、"连接工具" ✐、"橡皮擦工具" ✐、"剪刀工具" ✂和"刻刀" ✐，利用这些工具可以徒手绘制各种比较随意的图形效果。

3.6.1 Shaper工具

练习3-7 Shaper工具的使用 （难点）

难 度：	★★
素材文件：	无
案例文件：	无
视频文件：	第3章\练习3-7 Shaper工具的使用.avi

使用"Shaper工具" 可将自然手势转换为矢量形状。使用鼠标或简单易用的触控设备，可创建多边形、矩形或圆形，然后简单地组合、合并、删除或移动它们，即可创建出复杂而美观的设计。使用简单、直观的手势，能够实现以前可能需要多个步骤才能完成的操作。

1. 使用自然手势创建几何图形

使用"Shaper工具"可以随意绘制矩形、椭圆、多边形或直线，系统会自动生成完美的几何图形，图3.44所示为绘制前后效果。

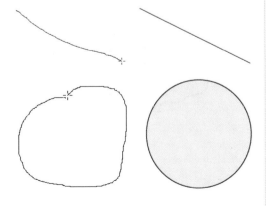

图3.44 绘制前后效果

2. 快速处理图形

使用"Shaper工具" ，还可以对图形进行合并、删除、调整等多种操作。

- 在一个形状区域内涂抹，可以将该区域切除，如图3.45所示。

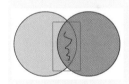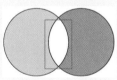

图3.45 切除图形

- 从重叠区域到非重叠区域，形状将被合并，而合并区域的颜色即为涂抹起点的颜色，如图3.46所示。

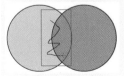

图3.46 合并图形

- 使用"Shaper工具" 按一下以选择合并的形状，通过调整变换框，可以随时调整图形的大小、角度等；单击边框上的箭头，可以在原始形状和编辑状态中切换，以编辑符合自己要求的图形，如图3.47所示。

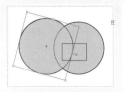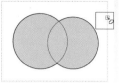

图3.47 调整编辑图形

3.6.2 铅笔工具

使用"铅笔工具" ✏能够绘制自由宽度和形状的曲线，能够创建开放路径和封闭路径，就如同在纸上用铅笔绘图一样。这对速写或建立手绘外观很有帮助，当绘制路径完成后，还可以随时对其进行修改。与"钢笔工具"相比，尽管"铅笔工具"所绘制的曲线不如"钢笔工具"精确，但"铅笔工具"能绘制的形状更为多样，使用方法更为灵活，容易掌握。使用"铅笔工具"可完成大部分精度要求不是很高的几何图形。

另外，使用"铅笔工具"还可以设置它的保真度、平滑度及填充与描边，有了这些设置，使"铅笔工具"在绘图中更加随意和方便。

1. 设置铅笔工具的参数

"铅笔工具" ✏的参数设置和前面讲过的工具不太相同，要打开"铅笔工具选项"对话框，必须双击工具箱里的"铅笔工具" ✏图标。"铅笔工具选项"对话框如图3.48所示。

图3.48 "铅笔工具选项"对话框

"铅笔工具选项"对话框中的各选项说明如下。

- **保真度**：设置"铅笔工具" ✏绘制曲线时路径上各点的精确度，越靠近"精确"，所绘曲线越粗糙；越靠近"平滑"，路径越平滑且越简单。
- **填充新铅笔锚边**：勾选该复选框，在使用"铅笔工具" ✏绘制图形时，系统会根据当前填充颜色将铅笔绘制的图形进行填色。
- **保持选定**：勾选该复选框，将使"铅笔工具" ✏绘制的曲线处于选中状态。
- **Alt键切换到平滑工具**：勾选该复选框，按住Alt键可以切换到"平滑工具" ✏。
- **当终端在此范围内时闭合路径**：勾选该复选框，当绘制路径过程中，离终点范围在右侧文本框指定范围时释放鼠标将自动闭合路径。
- **编辑所选路径**：勾选该复选框，则可编辑选中的路径，可使用"铅笔工具" ✏来改变现有选中的路径，并可以在"范围"文本框中设置编辑范围。当"铅笔工具" ✏与该路径之间的距离接近设置的数值时，即可对路径进行编辑修改。

2. 绘制开放路径

在工具箱中选择"铅笔工具" ✏，然后将光标移动到绘图区，此时光标将变成 ✏状，按住鼠标根据自己的需要拖动，当达到所需要求时释放鼠标，即可绘制一条开放路径，如图3.49所示。

图3.49 绘制开放路径

3. 绘制封闭路径

选择"铅笔工具" ✏，在绘图区按住鼠标拖动开始路径的绘制，当达到自己希望的形状时，返回到起点处可以看到光标的右下角出现一个圆形，释放鼠标即可绘制一个封闭的图形。绘制封闭路径过程如图3.50所示。

图3.50 绘制封闭路径过程

4. 编辑路径

如果对绘制的路径不满意，还可以使用"铅笔工具" ✎ 来快速修改绘制的路径。首先要确认路径处于选中状态，将光标移动到路径上，当光标变成 ✎ 状时，按住鼠标按自己的需要重新绘制图形，绘制完成后释放鼠标，即可看到路径的修改效果，如图3.51所示。

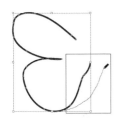
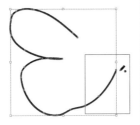

图3.51 编辑路径

5. 转换封闭路径与开放路径

利用铅笔工具还可以将封闭路径转换为开放路径，或将开放路径转换为封闭路径。首先选择要修改的封闭路径，将铅笔工具移动到封闭路径上，当光标变成 ✎ 状时，按住鼠标向路径的外部或内部拖动，当到达满意的位置后，释放鼠标即可将封闭路径转换为开放路径。操作过程如图3.52所示。

图3.52 将封闭路径转换为开放路径

如果要将开放路径封闭起来，可以先选择要封闭的开放路径，然后将光标移动到开放路径的一个开放的锚点上，当光标变成 ✎ 状时，然后按住鼠标拖动到另一个开放的锚点上，释放鼠标即可将开放路径封闭起来。操作过程如图3.53所示。

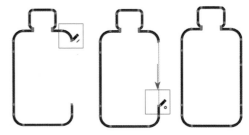

图3.53 将开放路径转换为封闭路径

3.6.3 平滑工具

"平滑工具" ✎ 可以将锐利的曲线路径变得更平滑。"平滑工具" ✎ 主要是在原有路径的基础上，根据用户拖动出的新路径自动平滑原有路径，而且可以多次拖动以平滑路径。

在使用"平滑工具" ✎ 前，可以通过"平滑工具选项"对话框，对平滑工具进行相关的平滑设置。双击工具箱中的"平滑工具" ✎，将弹出"平滑工具选项"对话框，如图3.54所示。

图3.54 "平滑工具选项"对话框

"平滑工具选项"对话框中的选项说明如下。

- **保真度**：设置平滑工具平滑时路径上各点的精确度，越靠近"精确"，路径越粗糙；越靠近"平滑"，路径越平滑且越简单。

要对路径进行平滑处理，首先选择要处理的路径图形，然后使用"平滑工具" 在图形上按住鼠标拖动，如果一次不能达到满意效果，可以多次拖动将路径平滑。平滑路径效果，如图 3.55 所示。

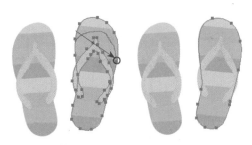

图3.55 平滑路径效果

3.6.4 路径橡皮擦工具

使用"路径橡皮擦工具" 可以擦去画笔路径的全部或其中一部分，也可以将一条路径分割为多条路径。

要擦除路径，首先要选中当前路径，然后使用"路径橡皮擦工具" 在需要擦除的路径位置按下鼠标，在不释放鼠标的情况下拖动鼠标擦除路径，到达满意的位置后释放鼠标，即可将该段路径擦除。擦除路径效果如图 3.56 所示。

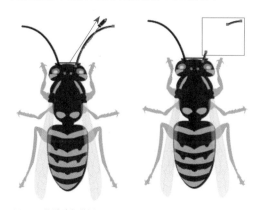

图3.56 擦除路径效果

3.6.5 连接工具

该工具在实际制作中使用频率并不高，主要用来将开放的路径快速连接起来，可以是同一条路径的闭合，也可以是两条不同路径的连接。

连接的方法非常简单，只需要使用"连接工具" ，在两个开放的路径端点位置拖动即可，图 3.57（a）所示为同一条路径的连接效果，图 3.57（b）所示为两条不同路径的连接效果。

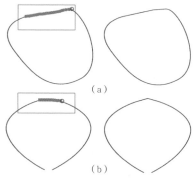

（a）

（b）

图3.57 连接路径效果

3.6.6 橡皮擦工具

Illustrator CC 2018 中的"橡皮擦工具" 与现实生活中的橡皮擦在使用上基本相同，主要用来擦除图形。但橡皮擦工具只能擦除矢量图形，对于导入的位图是不能使用橡皮擦工具进行擦除处理的。

在使用"橡皮擦工具" 前，可以首先设置橡皮擦的相关参数，比如橡皮擦的角度、圆度和直径等。在工具箱中双击"橡皮擦工具" 图标，将弹出"橡皮擦工具选项"对话框，如图 3.58 所示。

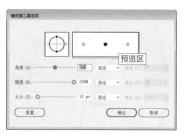

图3.58 "橡皮擦工具选项"对话框

"橡皮擦工具选项"对话框中的各选项说明如下。

- **调整区**：通过该区可以直观地调整橡皮擦的外观。拖动图中的小黑点可以修改橡皮擦的圆度，拖动箭头可以修改橡皮擦的角度，如图3.59所示。

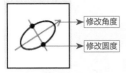

图3.59 调整区

- **预览区**：在调整区右侧为预览区，用来预览橡皮擦的设置效果。
- **角度**：在右侧的文本框中输入数值，可以修改橡皮擦的角度值。它与调整区中的角度修改相同，只是调整的方法不同。从下拉列表中，可以修改角度的变化模式，"固定"表示以设定的角度来擦除；"随机"表示在擦除时角度会出现随机的变化。其他选项需要搭配绘图板来设置绘图笔刷的压力、光笔轮等效果，以产生不同的擦除效果。另外，通过修改"变化"值，可以设置角度的变化范围。
- **圆度**：设置橡皮擦的圆角度，与调整区中的圆角度修改相同，只是调整的方法不同。它也有随机和变化的设置，与"角度"用法一样，这里不再赘述。
- **大小**：设置橡皮擦的大小。其他选项与"角度"用法一样。

设置完成后，如果要擦除图形，可以在工具箱中选择"橡皮擦工具"◆，然后在合适的位置按下鼠标拖动，擦除完成后释放鼠标，即可将橡皮擦经过的图形擦除。擦除效果如图3.60所示。

图3.60 擦除图形效果

3.6.7 剪刀工具 （重点）

"剪刀工具" 主要用来将选中的路径分割开来，可以将一条路径分割为两条或多条路径，也可以将封闭的路径剪成开放的路径。

在工具箱中选择"剪刀工具" ✂，将光标移动到路径线段或锚点上，在需要断开的位置单击，然后移动光标到另一个要断开的路径线段或锚点上，再次单击，这样就可以将一个图形分割为两个独立的图形，如图3.61所示。

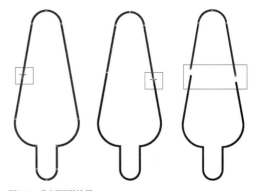

图3.61 分割图形效果

3.6.8 刻刀工具 （重点）

"刻刀" ✐与"剪刀工具" ✂都可以用来分割路径，但"刻刀" ✐可以将一个封闭的路径分割为两个独立的封闭路径，而且"刻刀" ✐只应用在封闭的路径中，对于开放的路径则不起作用。"刻刀" ✐主要对图形整体分割进行操作。

要分割图形，首先选择"刻刀" ✐，然后在适当位置按住鼠标拖动，可以清楚地看到拖动轨迹，分割完成后释放鼠标，可以看到图形自动处于选中状态，并可以看到划出的切割线条效果。利用"选择工具"可以单独移动分割后的图形。分割图形效果如图 3.62 所示。

图3.62 分割图形效果

提示

利用"刻刀" ✐切割图形后，需要使用"取消编组"命令将其取消编组才可以分别移动。

3.7 拓展训练

本章通过 3 个拓展训练，让读者对基本绘图工具加深了解，并对这些基本绘图工具进行扩展应用。掌握这些知识并应用到实践中，可以让读者的作品更加出色。

训练3-1 利用椭圆工具绘制鳞状背景

◆实例分析

本例主要讲解鳞状背景的制作。首先利用椭圆工具绘制一个圆形，接着多次将其复制并移动，将部分圆形填充为白色，最后对其添加装饰制作出鳞状背景效果，如图 3.63 所示。

难　　度：★ ★ ★
素材文件：无
案例文件：第 3 章 \ 鳞状背景 .ai
视频文件：第 3 章 \ 训练 3-1 利用椭圆工具绘制鳞状背景 .avi

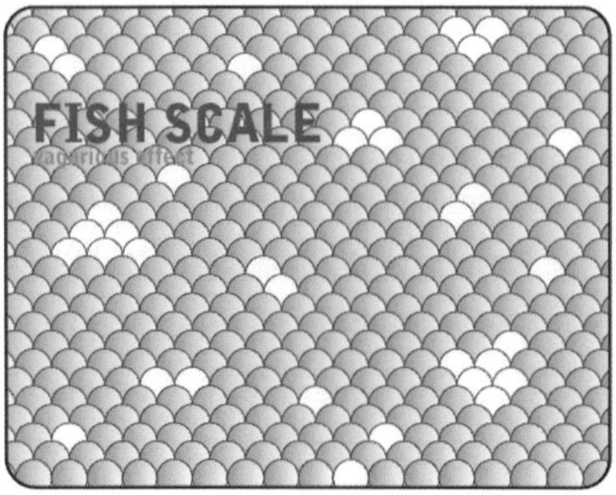

◆本例知识点

1. "椭圆工具" ◯
2. "移动"命令
3. "剪切蒙版"命令

训练3-2 利用矩形工具绘制钢琴键

◆实例分析

本例主要讲解利用矩形工具绘制钢琴键的方法，最终效果如图 3.64 所示。

难　　度：★ ★
素材文件：无
案例文件：第 3 章 \ 钢琴键 .ai
视频文件：第 3 章 \ 训练 3-2 利用矩形工具绘制钢琴键 .avi

图3.64 最终效果

图3.63 最终效果

◆本例知识点

1.“矩形工具”□
2.“移动”命令

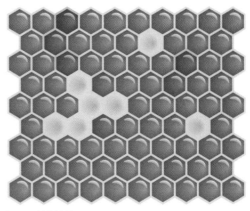
图3.65 最终效果

训练3-3 利用多边形工具绘制
蜂巢效果

◆实例分析

本例主要讲解以多边形工具为基础制作蜂巢的方法，最终效果如图 3.65 所示。

难 度: ★ ★ ★
素材文件: 无
案例文件: 第 3 章 \ 蜂巢效果 .ai
视频文件: 第 3 章 \ 训练 3-3 利用多边形工具绘制蜂巢效果 .avi

◆本例知识点

1.“多边形工具”⬡
2.“旋 转”命令
3.“渐变工具”□

第 2 篇

提高篇

第 **4** 章

图形的选择、变换与变形

本章首先介绍如何选择图形对象，包括选择、直接选择、编组、魔术棒和套索等工具的使用，以及菜单选择命令的使用；接着介绍了图形的变换与各种变形工具的使用。通过本章的学习，读者可以熟悉各种选择工具的使用方法，掌握图形的变换和变形技巧。

教学目标

学习各种选择工具的使用
掌握各种变换命令的使用
掌握液化变形工具的使用

4.1 图形的选择

在绘图的过程中，需要不停地选择图形来进行编辑。因为在编辑一个对象之前，必须先把它从周围的对象中区分开来，然后对其进行移动、复制、删除、调整路径等编辑。Illustrator CC 2018 提供了多种选择工具，包括"选择工具" ▶、"直接选择工具" ▷、"编组选择工具" ▷、"魔棒工具" ✎ 和"套索工具" ◉ 5 种，这 5 种工具在使用上各有特点和功能，只有熟练掌握了这些工具的用法，才能更好地绘制出优美的图形。

4.1.1 选择工具

"选择工具" ▶ 主要用来选择和移动图形对象，它是所有工具中使用最多的。当选择图形对象后，图形将显示出它的路径和一个定界框，在定界框的四周显示八个空心的正方形，表示定界框的控制点，如图 4.1 所示。

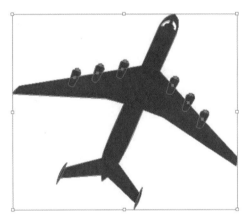

图4.1 选择的图形效果

练习4-1 选择工具

难　　度：	★
素材文件：	无
案例文件：	无
效果文件：	第 4 章 \ 练习 4-1 选择工具 .avi

1. 选择对象

使用"选择工具" ▶ 选取图形分为两种选择方法：点选和框选。下面来详细讲解这两种方法的使用技巧。

◆方法1：点选

所谓点选就是单击选择图形。使用"选择工具" ▶，将光标移动到目标对象上，当光标变成 ▶ 状时单击，即可将目标对象选中。在选择时，如果当前图形只是一个路径轮廓，而没有填充颜色，需要将光标移动到路径上进行点选。如果当前图形有填充，只需要单击填充位置即可将图形选中。

点选一次只能选择一个图形对象，如果想选择更多的图形对象，可以在选择时按住 Shift 键，以添加更多的选择对象。

◆方法2：框选

框选就是使用拖动出一个虚拟的矩形框的方法进行选择。使用"选择工具" ▶ 在适当的空白位置按下鼠标，在不释放鼠标的情况下拖动出一个虚拟的矩形框，到达满意的位置后释放鼠标，即可将图形对象选中。在框选图形对象时，不管图形对象是部分与矩形框接触相交，还是全部在矩形框内都将被选中。框选效果如图 4.2 所示。

图4.2 框选效果

2. 移动对象

选择要移动的图形对象，然后将光标移动到定界框中，当光标变成♪状时，按住鼠标拖动图形，到达满意的位置后释放鼠标，即可移动图形对象的位置。移动图形位置效果如图4.3所示。

图4.3 移动图形位置效果

3. 复制对象

利用"选择工具"▶不但可以移动图形对象，还可以复制图形对象。选择要复制的图形对象，然后按住 Alt 键的同时拖动图形对象，此时光标将变成▶状，拖动到合适的位置后，先释放鼠标，然后释放 Alt 键，即可复制一个图形对象。复制图形对象效果如图 4.4 所示。

图4.4 复制图形对象效果

4. 调整对象

使用选择工具不但可以调整图形对象的大小，还可以旋转图形对象。调整大小和旋转图形对象的操作方法也是非常简单的。

● 调整图形对象的大小：首先选择要调整大小的图形对象，然后将光标移动到定界框的任意一个控制点上，当光标变成↔、↕、↖或↗状时，按住鼠标向外或向内拖动，就可以调整图形的大小。调整图形大小的操作过程如图4.5所示。

图4.5 调整图形大小的操作过程

● 旋转图形对象：首先选择要旋转的图形对象，然后将光标移动到定界框的任意一个控制点上，当光标变成↶、↷、↱、↘、↰、↱、↲或↵状时，按住鼠标拖动，旋转到合适的位置后释放鼠标，即可将图形旋转一定的角度。旋转图形的操作过程如图4.6所示。

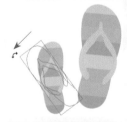
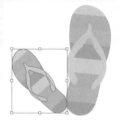

图4.6 旋转图形的操作过程

4.1.2 直接选择工具

"直接选择工具"▷与"选择工具"▶在用法上基本相同，但"直接选择工具"▷主要用来选择和调整图形对象的锚点、曲线控制柄和路径线段。

利用"直接选择工具"▷单击可以选择图形对象上的一个锚点或多个锚点，也可以直接选择一个图形对象上的所有锚点。下面来讲解具体的操作方法。

练习4-2 直接选择工具

难　　度:	★★
素材文件:	无
案例文件:	无
效果文件:	第 4 章 \ 练习 4-2 直接选择工具 .avi

1. 选择一个或多个锚点

选取"直接选择工具" ▷，将光标移动到图形对象的锚点位置，此时锚点位置会自动出现一个白色的矩形框，并且在光标的右下角出现一个空心的正方形图标，此时单击即可选择该锚点。选中的锚点将显示为颜色填充的矩形效果，而没有选中的锚点将显示为空心的矩形效果，也就是锚点处于激活的状态中，这样可以清楚地看到锚点和控制柄，有利于编辑修改。如果想选择更多的锚点，可以按住 Shift 键继续单击选择锚点。选择单个锚点效果如图 4.7 所示。

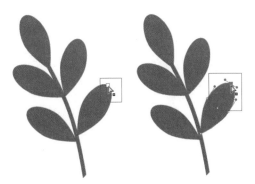

图4.7 选择单个锚点效果

2. 选择整个图形的锚点

选取"直接选择工具" ▷，将光标移动到图形对象的填充位置，可以看到在光标的右下角出现一个实心的小矩形，此时单击即可将整个图形的锚点全部选中。选择整个图形锚点效果如图 4.8 所示。

提示

这种选择方法只能用于带有填充颜色的图形对象，没有填充颜色的图形对象则不能利用该方法选择整个图形的锚点。

图4.8 选择整个图形锚点效果

这里要特别注意的是，如果光标位置不在图形对象的填充位置，而是位于图形对象的描边路径部分，光标右下角也会出现一个实心的小矩形，但此时单击选择的不是整个图形对象的锚点，而是将整个图形对象的锚点激活，显示出没有选中状态下的锚点和控制柄效果。选择路径部分显示效果如图 4.9 所示。

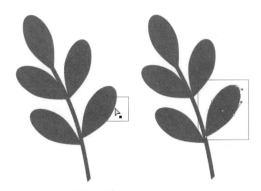

图4.9 选择路径部分显示效果

4.1.3 编组选择工具

"编组选择工具" ▷主要用来选择编组的图形，特别是在混合的图形对象和图表对象的修改中具有重要作用。与"选择工具" ▶相同点是都可以选择整个编组的图形对象；不同点在于，"选择工具"▶不能选择编组中的单个图形对象，而"编组选择工具"▷可以选择编组中的单个图形对象。

"编组选择工具"▷与"直接选择工具"▷相同点是都可以选择编组中的单个图形对象或整个编组；不同点在于，"直接选择工具"▷可以修改某个图形对象的锚点位置和曲线方向，而"编组选择工具"▷只能选择却不能修改图形对象的外观，但"编组选择工具"▷能通过多次的单击选择整个编组的图形对象。

利用"编组选择工具"▷，可以选择一个编组内的单个图形对象或一个复合组内的一个组。在编组图形中单击某个图形对象，可以将该对象选中，再次单击，可以将该组内的其他对象全部选中。同样的方法，多次单击可以选择更多的编组集合。要想了解编组选择工具的使用，首先要了解什么是编组，如何进行编组。

练习4-3 编组选择工具

难 度: ★ ★
素材文件: 第 4 章 \ 小花 .ai
案例文件: 无
效果文件: 第 4 章 \ 练习 4-3 编组选择工具 .avi

1. 创建编组

编组其实就是将两个或两个以上的图形对象组合在一起，以方便选择，比如绘制一朵花，可以将组成花朵的花瓣组合，将绿叶和叶脉组合，如果想选择花朵，直接单击花朵组合就可以选择整朵花，而不用一个一个地选择花瓣了。编组的具体操作如下。

`01` 执行菜单栏中的"文件"|"打开"命令，打开"小花.ai"素材，可以看到两朵小花，而且两朵小花的花瓣都是独立的图形对象。

`02` 使用"选择工具"▶，利用框选的方法将左侧的小花全部选中，如图4.10所示。然后执行菜单栏中的"对象"|"编组"命令，即可将选择的小花组合。

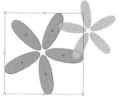

图4.10 选择左侧小花

2. 使用编组选择工具

下面来使用"编组选择工具"▷选择编组的图形对象。在左侧小花的其中一个花瓣上单击，即可选择一个花瓣，如果再次在这个花瓣上单击，即可将这个花瓣所在的组合全部选中。选择编组图形效果如图 4.11 所示。

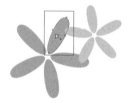

图4.11 选择编组图形效果

如果在右侧小花的花瓣上单击，也可以选择该花瓣，但如果再次在这个花瓣上单击，则不能选择右侧的小花，因为右侧的小花并不是一个组合。

4.1.4 魔棒工具

"魔棒工具"✦的使用需要配合"魔棒"面板，用来选取具有相同或相似的填充颜色、描边颜色、描边粗细和不透明度等图形对象。

在选择图形对象前，要根据选择的需要设置"魔棒"面板的相关选项，以选择需要的图形对象。双击工具箱中的"魔棒工具"✦，即可打开"魔棒"面板，如图 4.12 所示。

图4.12 "魔棒"面板

"魔棒"面板各选项的含义说明如下。

- **填充颜色**：勾选该复选框，使用"魔棒工具" ✒可以选取出填充颜色相同或相似的图形。
- **容差**：该项主要用来控制选定的颜色范围，值越大，颜色区域越广。其他选项也有容差设置，用法相同，不再赘述。
- **描边颜色**：勾选该复选框，使用"魔棒工具" ✒可以选取出描边颜色相同或相似的图形。
- **描边粗细**：勾选该复选框，使用"魔棒工具" ✒可以选取出描边粗细相同或相近的图形。
- **不透明度**：勾选该复选框，使用"魔棒工具" ✒可以选取出不透明度相同或相近的图形。
- **混合模式**：勾选该复选框，使用"魔棒工具" ✒可以选取带有混合模式的图形。

使用"魔棒工具" ✒还要注意，在"魔棒"面板中，选择的选项不同，选择的图形对象也不同，选项的多少也会影响选择的最终结果。例如，勾选了"填充颜色"和"描边颜色"两个复选框，在选择图形对象时，不但要满足填充颜色的相同或相似，还要满足描边颜色的相同或相似。选择更多的选项，就要满足更多的选项要求才可以选择图形对象。下面来具体讲解使用"魔棒工具" ✒选择图形的方法。

01 执行菜单栏中的"文件"|"打开"命令，打开"魔棒应用.ai"素材，这是由很多的小花组成的文件，而且它们的填充颜色、描边的粗细和颜色都不相同。

02 双击工具箱中的"魔棒工具" ✒，然后在"魔棒"面板中勾选"填充颜色"复选框，在左侧橙色填充颜色的花朵上单击，即可将所有填充颜色相同的花朵选中，如图4.13所示。

图4.13 填充颜色选择效果

03 勾选"填充颜色"和"描边颜色"复选框，还在刚才的小花上单击，选择的效果如图4.14所示。

图4.14 不同选项设置的选择效果

4.1.5 套索工具

"套索工具" ◉主要用来选择图形对象的锚点、某段路径或整个图形对象。它与其他工具最大的不同点在于，它可以方便地拖出任意形状的选框，以选择位于不同位置的图形对象，只要与拖动的选框有接触的对象都将被选中，特别适合在复杂图形中选择某些图形对象。

使用"套索工具" ◉在适当的位置按住鼠标拖动，可以清楚地看到拖动的选框效果，到达满意的位置后释放鼠标，即可将选框内部或与选框有接触的锚点、路径和图形全部选中。套索工具选择效果如图 4.15 所示。

图4.15 套索工具选择效果

4.1.6 使用菜单命令选择图形

前面讲解了使用"选择工具"选择图形的操作方法，有些时候使用这些选择工具就显得有些力不从心，对于特殊的选择任务，可以使用菜单命令来完成。使用菜单命令不但可以选择具有相同属性的图形对象，选择当前文档中的全部图形对象，还可以利用"反向"命令快速选择其他图形对象。另外，还可以将选择的图形进行存储，更加方便了图形的编辑操作。下面来具体讲解"选择"菜单中各命令的使用方法，"选择"菜单如图4.16所示。

全部(A)	Ctrl+A
现用画板上的全部对象(L)	Alt+Ctrl+A
取消选择(D)	Shift+Ctrl+A
重新选择(R)	Ctrl+6
反向(I)	
上方的下一个对象(V)	Alt+Ctrl+]
下方的下一个对象(B)	Alt+Ctrl+[
相同(M)	▶
对象(O)	▶
存储所选对象(S)...	
编辑所选对象(E)...	

图4.16 "选择"菜单

- **全部：** 选择该命令，可以将当前文档中的所有图形对象选中，这是个常用的命令。其快捷键为Ctrl +A。

- **现用画板上的全部对象：** 选择该命令，可以将位于画板中的所有图形对象选中，位于画板外或其他画板上的图形对象将不会被选中。其快捷键为Alt + Ctrl + A。

- **取消选择：** 选择该命令，可以将当前文档中所选中的图形对象取消选中状态，相当于使用"选择工具"在文档空白处单击来取消选择。其快捷键为Shift + Ctrl + A。

- **重新选择：** 在默认状态下，该命令处于不可用状态，只有使用过"取消选择"命令后，才可以使用该命令，用来重新选择刚才取消选择的图形对象。其快捷键为Ctrl + 6。

- **反向：** 选择该命令，可以将当前文档中选择的图形对象取消，而将没有选中的对象选中。比如在一个文档中，需要选择一部分图形对象A，而在这些图形对象中有一部分B不需要选中，而且B部分对象相对来说比较容易选择，这时就可以选择B部分对象，然后应用"反向"命令选择A

部分对象，同时取消B部分对象的选择。

- **上方的下一个对象：** 绘制图形的顺序不同，图形的层次也就不同，一般来说，后绘制的图形位于先绘制图形的上面。利用该命令可以选择当前选中对象的上一个对象。其快捷键为Alt + Ctrl +]。

- **下方的下一个对象：** 利用该命令，可以选择当前选中对象的下一个对象。其快捷键为Alt + Ctrl + [。

- **相同：** 其子菜单中有多个选项，可以在当前文档中选择具有相同属性的图形对象，其用法与前面讲过的"魔棒"面板选项相似，可以参考一下前面的讲解。

- **对象：** 其子菜单中有多个选项，可以在当前文档中选择这些特殊的对象，如同一图层上的所有对象、方向手柄、画笔描边、剪切蒙版、游离点和文本对象等。

- **存储所选对象：** 在文档中选择图形对象后，该命令才处于激活状态，其用法类似于编组，只不过在这里只是将选择的图形对象作为集合保存起来，选择时还是独立存在的对象，而不是一个集合。选择该命令后，将弹出"存储所选对象"对话框，可以为其命名，然后单击"确定"按钮，在"选择"菜单的底部将出现一个新的命令，选择该命令即可重新选择这个集合。

- **编辑所选对象：** 只有使用"存储所选对象"命令存储过对象，该项才可以应用。选择该命令将弹出"编辑所选对象"对话框，可以利用该对话框对存储的对象集合重新命名或删除对象集合。

4.2 变换对象

绘制或编辑图形时，经常需要对图形对象进行变换以达到最好的效果，除了使用路径编辑工具编辑路径，Illustrator CC 2018还提供了相当丰富的图形变换工具，使得图形变换十分方便。

变换可以用两种方法来实现：一是使用菜单命令进行变换；二是使用工具箱中现有的工具对图形对象进行直观的变换。两种方法各有优点：使用菜单命令进行变换可以精确设定变换参数，多用于对图形尺寸、位置精度要求高的场合；使用变换工具进行变换操作步骤简单，变换效果直观，操作随意性强，在一般图形创作中很常用。

4.2.1 旋转对象 难点

旋转对象可以使用命令菜单，也可以使用"旋转工具"⟳。"旋转工具"⟳主要用来旋转图形对象，它与前面讲过的利用定界框旋转图形相似，但利用定界框旋转图形是按照所选图形的中心点来旋转的，中心点是固定的；而"旋转工具"⟳不但可以沿所选图形的中心点来旋转图形，还可以自行设置所选图形的旋转中心，使旋转更具有灵活性。

利用"旋转工具"⟳可以对所选图形进行旋转，也可以只旋转图形对象的填充图案，旋转的同时还可以利用快捷键来完成复制。

1. 旋转菜单命令

执行菜单栏中的"对象"|"变换"|"旋转"命令，将打开如图 4.17 所示的"旋转"对话框，利用该对话框可以设置旋转的相关参数。

图4.17 "旋转"对话框

"旋转"对话框各选项的含义说明如下。

- **角度：** 指定图形对象旋转的角度，取值范围为 –360°～360°。如果输入负值，将按顺时针方向旋转图形对象；如果输入正值，将按逆时针方向旋转图形对象。
- **选项：** 设置旋转的目标对象。勾选"变换对象"复选框，表示旋转图形对象；勾选"变换图案"复选框，表示旋转图形中的图案填充。
- **复制：** 单击该按钮，将按设置的旋转角度复制出一个旋转图形对象。

提示

在后面的小节中，也有"选项"组中"变换对象"和"变换图案"复选框的设置，以及"复制"按钮的使用，如缩放对象、镜像对象和倾斜对象等，其用法都是相同的，后面不再赘述。

2. 使用"旋转工具"旋转对象

利用"旋转工具"⟳旋转图形分为两种情况：一种是沿所选图形的中心点旋转图形；另一种是自行设置旋转中心点旋转图形，下面来详细讲解这两种操作方法。

- **沿所选图形的中心点旋转图形：** 利用"旋转工具"⟳可以沿所选图形对象的默认中心点进行旋转操作。首先选择要旋转的图形对象，然后在工具箱中选择"旋转工具"⟳，将光标移动到文档中的任意位置按住鼠标拖动，即可沿所选图形对象的中心点旋转图形对象。沿图形中心点旋转效果如图4.18所示。

图4.18 沿图形中心点旋转

- **自行设置旋转中心点旋转图形：** 首先选择要旋转的图形对象，然后在工具箱中选择"旋转工具"⟳，在文档中的适当位置单击，可以看到在单击处出现一个中心点标志◇，此时的光标也变化为▶状，按住鼠标拖动，将以刚才鼠标单击点为中心旋转图形对象。设置中心点旋转效果如图4.19所示。

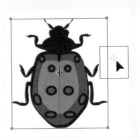

图4.19 设置中心点旋转

3. 旋转并复制对象

首先选择要旋转的图形对象，然后在工具箱中选择“旋转工具”，在文档中的适当位置单击，可以看到在单击处出现一个中心点标志，此时的光标也变化为状，按住 Alt 键的同时拖动鼠标，可以看到此时的光标显示为状，当到达合适的位置后释放鼠标，即可旋转并复制出一个相同的图形对象。按 Ctrl + D 快捷键，可以按原旋转角度再次复制出一个相同的图形，多次按 Ctrl + D 快捷键，可以复制出更多的图形对象。旋转并复制图形对象效果如图 4.20 所示。

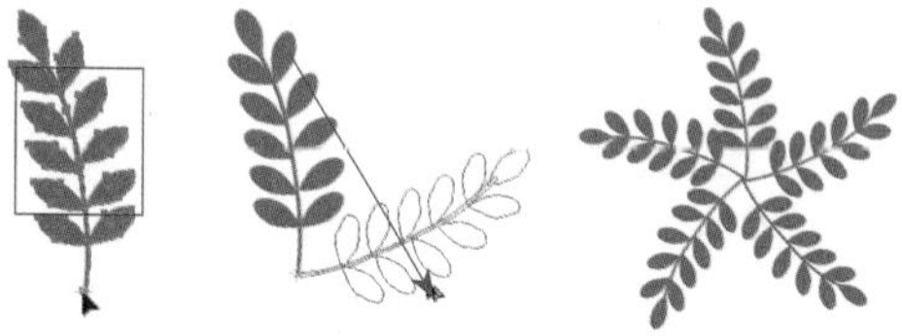

图4.20 旋转并复制图形对象效果

提示

Ctrl + D 就是菜单栏中的“对象”|“变换”|“再次变换”命令的快捷键。

4. 旋转图案

在旋转图形对象时，还可以对图形的旋转目标对象进行修改，比如旋转图形对象还是图形图案。图 4.21 所示为分别勾选“变换对象”复选框和勾选“变换图案”复选框的旋转效果。

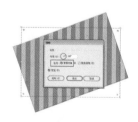

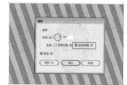

图4.21 不同选项的旋转变换效果

练习4-4 利用“旋转工具”制作斜切图案

难　　度：★★

素材文件：无

案例文件：第 4 章 \ 斜切图案 .ai

效果文件：第 4 章 \ 练习 4-4 利用“旋转工具”制作斜切图案 .avi

01 选择工具箱中的“矩形工具”，绘制一个矩形，选择工具箱中的“渐变工具”，在图形上拖动，为其填充浅紫色（R：255，G：180，B：255）到白色的线性渐变，如图4.22所示。

02 选择工具箱中的“矩形工具”，在刚才绘制的图形左侧边缘绘制一个与其高度相同的细长矩形，将“填色”更改为青色（R：14，G：169，B：216），“描边”为无，如图4.23所示。

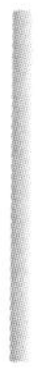

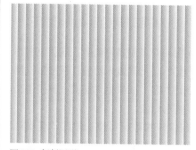

图4.22 填充渐变

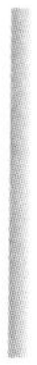

图4.23 绘制图形

03 选中矩形，按住Alt+Shift快捷键向右侧拖动，按Ctrl+D快捷键再复制数份直到铺满整个画板，如图4.24所示。

图4.24 复制图形

04 同时选中所有图形，选择工具箱中的“旋转工具”，将图形适当旋转再稍微放大，如图4.25所示。

05 选择工具箱中的“矩形工具”，绘制一个与画板相同大小的矩形，如图4.26所示。

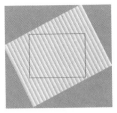

图4.25 旋转图形

图4.26 绘制矩形

06 同时选中所有对象，单击鼠标右键，从弹出的快捷菜单中选择"建立剪切蒙版"命令，将部分图像隐藏，这样就完成了斜切图案制作，最终效果如图4.27所示。

图4.27 最终效果

4.2.2 镜像对象 重点

镜像也叫反射，在制图中比较常用，一般用来制作对称图形或倒影。对于对称的图形或倒影来说，重复绘制不但会带来大的工作量，而且也不能保证绘制出来的图形与原图形完全相同，这时就可以应用"镜像工具"▶◀或镜像命令来轻松地完成图像的镜像效果。

1. 镜像菜单命令

执行菜单栏中的"对象"|"变换"|"对称"命令，将打开如图4.28所示的"镜像"对话框，利用该对话框可以设置镜像的相关参数。在"轴"选项组中，勾选"水平"单选按钮，表示图形以水平轴线为基础进行镜像，即图形进行上下镜像；勾选"垂直"单选按钮，表示图形以垂直轴线为基础进行镜像，即图形进行左右水平镜像；勾选"角度"单选按钮，可以在右侧的文本框中输入一个角度值，取值范围

为-360°~360°，指定镜像参考轴与水平线的夹角，以参考轴为基础进行镜像。

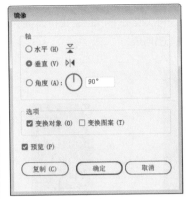

图4.28 "镜像"对话框

2. 使用"镜像工具"反射对象

利用"镜像工具"▶◀反射图形也可以分为两种情况：一种是沿所选图形的中心点镜像图形；另一种是自行设置镜像中心点反射图形，操作方法与"旋转工具"◯相同。

下面自行设置镜像中心点反射图形。首先选择图形，然后在工具箱中选择"镜像工具"▶◀，将光标移动到合适的位置单击，确定镜像的轴点，按住 Alt 键的同时拖动鼠标，拖动到合适的位置后，先释放鼠标，然后松开 Alt 键，即可镜像复制一个图形，如图 4.29 所示。

图4.29 镜像复制图形

练习4-5 利用"镜像工具"绘制礼物图案

难　　度: ★★
素材文件: 无
案例文件: 第 4 章 \ 礼物图案 .ai
效果文件: 第 4 章 \ 练习 4-5 利用"镜像工具"绘制礼物图案 .avi

01 选择工具箱中的"矩形工具" ，绘制一个矩形，将"填色"更改为蓝色（R：10，G：129，B：151），"描边"为无，如图4.30所示。

02 在矩形左上角再次绘制一个细长的白色矩形并适当旋转，如图4.31所示。

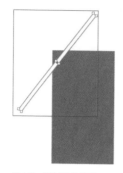

图4.30 绘制矩形　　　　图4.31 绘制细长矩形

03 选中细长矩形，在"透明度"面板中，将其模式更改为柔光，如图4.32所示。

04 选中细长矩形，按住Alt键向右下角拖动，将图形复制，如图4.33所示。

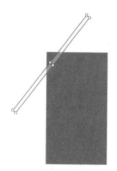
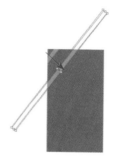

图4.32 更改模式　　　　图4.33 复制图形

05 按Ctrl+D快捷键将图形复制多份。

06 选中最大矩形，按Ctrl+C快捷键将其复制，再按Ctrl+F快捷键将其粘贴，按Ctrl+Shift+]快捷键将其移至所有对象最上方，如图4.34所示。

07 同时选中所有对象，单击鼠标右键，从弹出的快捷菜单中选择"建立剪切蒙版"命令，将部分图像隐藏，如图4.35所示。

图4.34 复制图形　　　　图4.35 创建剪贴蒙版

08 选择工具箱中的"矩形工具" ，绘制一个矩形，将"填色"更改为蓝色（R：10，G：129，B：151），"描边"为无，如图4.36所示。

09 选择工具箱中的"钢笔工具" ，在矩形左上方绘制一个不规则图形，设置"填色"为青色（R：62，G：202，B：238），"描边"为无，如图4.37所示。

图4.36 绘制矩形　　　　图4.37 绘制不规则图形

10 选中不规则图形，按Ctrl+C快捷键将其复制，再按Ctrl+F快捷键将其粘贴，将粘贴的图形更改为其他任意颜色，再按Ctrl+Shift+]快捷键将其移至所有对象最上方并适当缩小，如图4.38所示。

11 同时选中两个不规则图形，在"路径查找器"面板中，单击"减去顶层"按钮 ，减去顶层，如图4.39所示。

图4.38 复制图形　　　　图4.39 减去顶层

12 同时选中上方图形及下方条纹矩形，双击工具箱中的"镜像工具" ▶◀ ，在弹出的"镜像"对话框中勾选"垂直"单选按钮，完成之后单击"确定"按钮，将图形向右侧平移，如图4.40所示。

图4.40 镜像图形

13 选择工具箱中的"矩形工具" ▢ ，绘制一个矩形，将"填色"更改为蓝色（R：10，G：129，B：151），"描边"为无。

14 选中矩形，在"透明度"面板中，将其模式更改为正片叠底，"不透明度"更改为50%，这样就完成了礼物图案制作，最终效果如图4.41所示。

图4.41 最终效果

4.2.3 缩放对象

"比例缩放工具" 和"缩放"命令主要对选择的图形对象进行放大或缩小操作，可以缩放整个图形对象，也可以缩放对象的填充图案。

1. 缩放菜单命令

执行菜单栏中的"对象"|"变换"|"缩放"命令，将打开如图 4.42 所示的"比例缩放"对话框，在该对话框中可以对缩放进行详细的设置。

图4.42 "比例缩放"对话框

"比例缩放"对话框各选项的含义说明如下。

- **等比：** 选择该单选按钮后，在"比例缩放"文本框中输入数值，可以对所选图形进行等比例的缩放操作。当值大于100%时，放大图形；当值小于100%时，缩小图形。
- **不等比：** 选择该单选按钮后，可以分别在"水平"或"垂直"文本框中输入不同的数值，用来缩放图形的长度和宽度。
- **选项：** 该选项组用来设置是否缩放图形的圆角、描边、效果、对象和图案等。图4.43所示分别为原图、勾选"比例缩放描边和效果"复选框并缩小60%、不勾选"比例缩放描边和效果"复选框并缩小60%的效果。

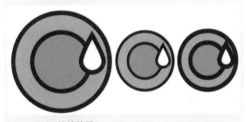

图4.43 不同缩放效果

2. 使用"比例缩放工具"缩放对象

使用"比例缩放工具" 缩放图形也可以分为两种情况：一种是沿所选图形的中心点缩放图形；另一种是自行设置缩放中心点缩放图形，操作方法与前面讲解过的旋转工具相同。

下面自行设置缩放中心点来缩放图形。首先选择图形，然后在工具箱中选择"比例缩放工具"，光标将变为十字↓状，将光标移动到合适的位置单击，确定缩放的中心点，此时光标将变成▶状，按住鼠标向外或向内拖动，缩放到满意大小后释放鼠标，即可将所选对象放大或缩小，如图4.44所示。

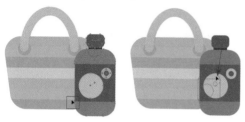

图4.44 比例缩放图形

4.2.4 倾斜变换

使用"倾斜"命令或"倾斜工具"可以使图形对象倾斜，如制作平行四边形、菱形、包装盒等效果。倾斜变换在制作立体效果中占有很重要的位置。

1. 倾斜菜单命令

执行菜单栏中的"对象"|"变换"|"倾斜"命令，可以打开如图4.45所示的"倾斜"对话框，在该对话框中可以对倾斜进行详细的设置。

图4.45 "倾斜"对话框

"倾斜"对话框各选项的含义说明如下。

- **倾斜角度：** 设置图形对象与倾斜参考轴之间的夹角大小，取值范围为 -360°~360°，其参考轴可以在"轴"选项组中指定。
- **轴：** 选择倾斜的参考轴。勾选"水平"单选按钮，表示参考轴为水平方向；勾选"垂直"单选按钮，表示参考轴为垂直方向；勾选"角度"单选按钮，可以在右侧的文本框中输入角度值，以设置不同角度的参考轴。

2. 使用"倾斜工具"倾斜对象

使用"倾斜工具"倾斜图形也可以分为两种情况，操作方法与前面讲解过的旋转工具相同，这里不再赘述。

下面自行设置倾斜中心点来倾斜图形。首先选择图形，然后在工具箱中选择"倾斜工具"，光标将变为十字÷状，将光标移动到合适的位置单击，确定倾斜点，此时光标将变成▶状，按住鼠标拖动到合适的位置后释放鼠标，即可将所选对象倾斜，如图4.46所示。

图4.46 倾斜图形

4.2.5 自由变换工具 难点

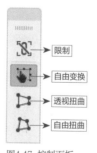

图4.47 控制面板

"自由变换工具"是一个综合性的变形工具，可以对图形对象进行移动、旋转、缩放、扭曲和透视变形。选择图形并选择该工具后，将弹出一个控制面板，如图4.47所示。

自由扭曲的操作效果如图 4.49 所示。

"自由变换工具" 中的"自由变换" 对图形进行移动、旋转和缩放的用法与"选择工具"直接利用定界框的变形方法相同,下面重点来讲解利用"自由变换工具" 透视扭曲和自由扭曲。

1. 透视扭曲

选择要进行透视扭曲的图形对象,然后选择工具箱中的"自由变换工具" ,单击控制面板中的"透视扭曲"按钮 ,将光标移动到定界框四个角的任意一个控制点上,这里将光标移动到右上角的控制点上,可以看到此时的光标显示为 状,按住鼠标上、下或左、右拖动即可透视图形。透视扭曲的操作效果如图4.48 所示。

图4.49 自由扭曲的操作效果

4.2.6 其他变换命令

前面讲解了各种变换工具的使用,但这些工具只是对图形作单一的变换。本节介绍"分别变换"和"再次变换"。"分别变换"包括了对图形对象的缩放、旋转和移动变换。"再次变换"是对图形对象重复使用前一个变换。

1. 分别变换

"分别变换"命令集中了缩放、移动、旋转和镜像等多个变换命令的功能,可以同时应用这些功能。选中要进行变换的图形对象,执行菜单栏中的"对象"|"变换"|"分别变换"命令,将打开如图 4.50 所示的"分别变换"对话框,在该对话框中设置需要的变换效果。该对话框中的选项与前面讲解过的相同,只要输入数值或拖动滑块来修改参数,就可以应用相关的变换了。

图4.48 透视扭曲的操作效果

2. 自由扭曲

选择要进行自由扭曲的图形对象,然后选择工具箱中的"自由变换工具" ,单击控制面板中的"自由扭曲"按钮 ,将光标移动到定界框四个角的任意一个控制点上,这里将光标移动到右上角的控制点上,可以看到此时的光标显示为 状,按住鼠标拖动即可扭曲图形。

图4.50 "分别变换"对话框

2.再次变换

在应用过相关的变换命令后，比如应用了一次旋转，需要多次重复进行相同的变换操作，这时可以执行菜单栏中的"对象"|"变换"|"再次变换"命令来重复进行变换，如再次旋转。

> **技巧**
>
> 按 Ctrl + D 快捷键，可以重复执行与前一次相同的变换。这里还要重点注意的是，再次变换所执行的是上一次应用的变换操作。

3.重置定界框

在应用变换命令后，图形的定界框会随着图形的变换而变换，比如一个图形应用了旋转变换后，定界框也发生旋转。如果想将定界框还原为初始的方向，可以执行菜单栏中的"对象"|"变换"|"重置定界框"命令，将定界框还原为初始的方向。操作效果如图4.51所示。

图4.51 重置定界框效果

4."变换"面板

除了使用变换工具变换图形，还可以使用"变换"面板精确变换图形。执行菜单栏中的"窗口"|"变换"命令，可以打开如图4.52所示的"变换"面板。"变换"面板中除了显示所选对象的坐标位置和大小等相关信息外，还显示了形状属性，这些形状包括矩形、圆形、多边形等，通过调整相关的参数，可以修改图形的位置、大小、旋转和倾斜角度等。

图4.52 "变换"面板

"变换"面板各选项的含义说明如下。

- **"X值"和"Y值"**："X值"显示了选定对象在文档中的绝对水平位置，可以通过修改其数值来改变选定对象的水平位置。"Y值"显示了选定对象在文档中的绝对垂直位置，可以通过修改其数值来改变选定对象的垂直位置。
- **"参考点"**：设置图形对象变换的参考点。只要用鼠标单击9个点中的任意一点，就可以选定参考点，选定的参考点由白色方块变成黑色方块，这9个参考点代表图形对象8个边框控制点和1个中心控制点。
- **"宽""高"和"约束宽度和高度比例"**："宽"显示选定对象的宽度值，"高"显示选定对象的高度值，可以通过修改其数值来改变选定对象的宽度和高度。单击"约束宽度和高度比例"按钮，可以等比缩放选定对象。
- **"旋转"下拉列表**：设置选定对象的旋转角度，可以在下拉列表中选择旋转角度。
- **"倾斜"下拉列表**：设置选定对象倾斜变换的倾斜角，同样可以在下拉列表中选择倾斜角度。

- 属性区：这里有点类似于控制栏，显示形状的相关参数，通过这些参数可以修改当前形状的属性。

另外，在进行变换的时候，还可以通过"变换"面板菜单中的相关选项来设置变换和变换的内容。单击"变换"面板右上角的 ≡ 按钮，将弹出如图 4.53 所示的面板菜单。菜单中的命令在前面已经讲解过，这里不再赘述。

图4.53 "变换"面板菜单

练习4-6 利用混合及复制制作放射图案

难 度：★ ★
素材文件：无
案例文件：第 4 章 \ 放射图案 .ai
效果文件：第 4 章 \ 练习 4-6 利用混合及复制制作放射图案 .avi

01 选择工具箱中的"椭圆工具" ⬭ ，将"填色"更改为紫色（R：165，G：10，B：73），"描边"为无，按住Shift键绘制一个小正圆图形，如图4.54所示。

02 选中圆形，按住Alt键向左下角拖动，将图形复制，并将复制生成的图形等比缩小，如图4.55所示。

图4.54 绘制图形　　　　图4.55 复制图形

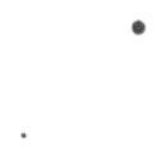

03 同时选中两个圆形，执行菜单栏中的"对象"|"混合"|"建立"命令，建立混合，如图4.56所示。

图4.56 建立混合

04 选中混合后的图像，执行菜单栏中的"对象"|"混合选项"命令，在弹出的"混合选项"对话框中将"间距"更改为"指定的步数"，将数值更改为15，完成之后单击"确定"按钮，如图4.57所示。

图4.57 设置混合选项

05 选中混合图像，选择工具箱中的"旋转工具" ⟳ ，在图像上按住Alt键在右上角位置单击，在弹出的"旋转"对话框中将"角度"更改为5°，完成之后单击"确定"按钮，如图4.58所示。

06 按Ctrl+D快捷键多次，复制多份混合图像，组合成一个完整的放射图案，最终效果如图4.59所示。

图4.58 设置旋转角度　　　图4.59 最终效果

液化变形工具

液化变形工具是近几个版本中新增加的变形工具，通过这些工具可以对图形对象进行各种类似液化的变形处理，使用的方法也很简单，只需选择相应的液化变形工具，在图形对象上拖动即可使用该工具进行变形。

Illustrator CC 2018 为用户提供了 8 种液化变形工具，包括"宽度工具" 、"变形工具" 、"旋转扭曲工具" 、"缩拢工具" 、"膨胀工具" 、"扇贝工具" 、"晶格化工具" 和"皱褶工具" 。

4.3.1 宽度工具

"宽度工具" 是非常实用的一个工具，可变宽绘制的路径描边，可以快速轻松地在任何点对称调整或沿一边进行调整，并调整为各种多变的形状效果，还可以使用此工具创建并保存自定义宽度配置文件，可将该文件重新应用于任何笔触，使绘图更加方便、快捷。

练习4-7 使用宽度工具 (难点)

难　　　度：★★
素材文件：无
案例文件：无
效果文件：第 4 章 \ 练习 4-7 使用宽度工具 .avi

1. 加宽路径

01 使用任何路径工具绘制一条曲线，如图4.60所示。

02 选择"宽度工具" ，将光标移动到路径某个位置，可以看到光标右下角出现一个加号，并在路径上显示一个白色的锚点效果，如图4.61所示。

图4.60 绘制曲线

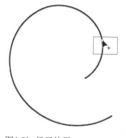

图4.61 显示效果

03 此时按住鼠标拖动，即可修改路径的宽度，如图4.62所示。拖动时会发现呈对称状，如果只想单边变宽，可以在拖动时按住Alt键，如图4.63所示。

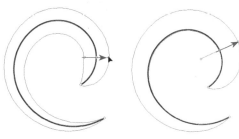

图4.62 对称变宽　　　　图4.63 单边变宽

04 同样的方法可以在其他位置操作，添加更多的锚点，拖动更加复杂的变形效果，如图4.64所示。

图4.64 拖动变形

2. 移动和删除锚点

01 调整完成后，如果对某个锚点位置不满意，可以将光标移动到这个锚点上，此时其两侧也会出现锚点，不过两侧的锚点是不能选择的，拖动中间的锚点即可修改，如图4.65所示。

图4.65 移动锚点效果

02 如果锚点添加过多，不再需要某个锚点变形，可以单击选择该锚点，按Delete键将其删除，如图4.66所示。

图4.66 删除锚点

3. 应用和添加配置文件

01 在控制栏中，Illustrator为用户提供了几种变量宽度配置文件，可以直接应用在路径中。选择一个路径后，从控制栏的"变量宽度配置文件"下拉列表中选择某个配置文件即可，如图4.67所示。

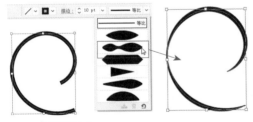

图4.67 应用配置文件

02 选择某个经过处理的变宽路径，比如前面处理过的路径效果，单击"变量宽度配置文件"下拉列表底部的"添加到配置文件"按钮 ![icon]，如图4.68所示。

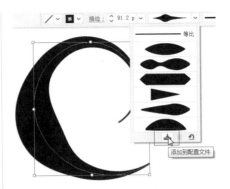

图4.68 单击"添加到配置文件"按钮

03 打开"变量宽度配置文件"对话框，指定"配置文件名称"，单击"确定"按钮即可创建配置文件，如图4.69所示。

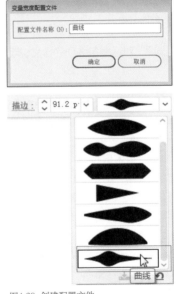

图4.69 创建配置文件

4.3.2 变形工具 （重点）

使用"变形工具" ![icon] 可以对图形进行推拉变形。在使用该工具前，可以在工具箱中双击该工具，打开如图 4.70 所示的"变形工具选项"对话框，对"变形工具"的画笔尺寸和变形选项进行详细的设置。

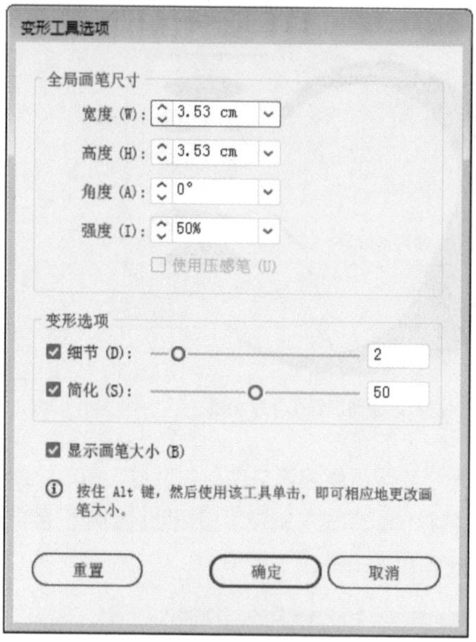

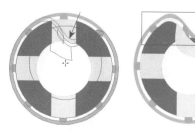

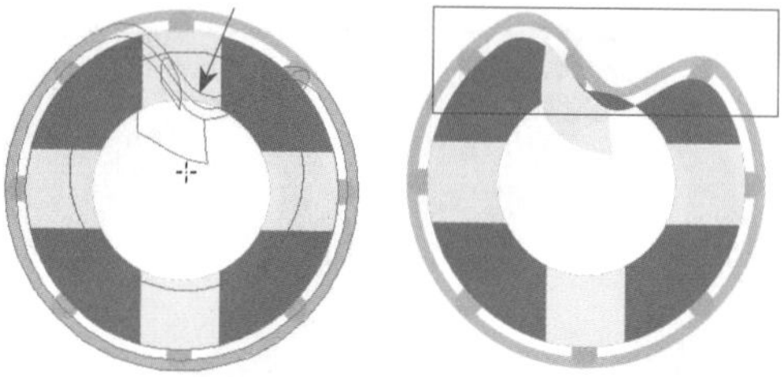

图4.71 使用"变形工具"拖动变形

4.3.3 旋转扭曲工具

使用"旋转扭曲工具"![icon]可以创建类似于涡流形状的变形效果，它不但可以像"变形工具"![icon]一样对图形拖动变形，还可以将光标放置在图形的某个位置，按住鼠标不放的情况下使图形变形。在工具箱中双击"旋转扭曲工具"![icon]图标，可以打开如图4.72所示的"旋转扭曲工具选项"对话框，对"旋转扭曲工具"的相关属性进行详细的设置。

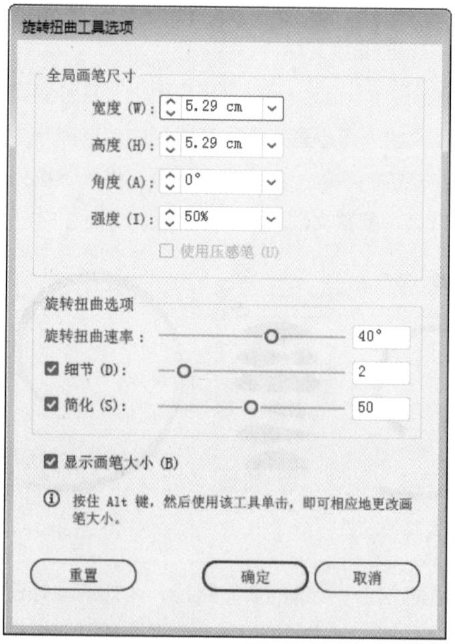

![旋转扭曲工具选项对话框]

图4.72 "旋转扭曲工具选项"对话框

"旋转扭曲工具选项"对话框中有很多选项与"变形工具选项"对话框相同，使用方法也相同，所以这里不再赘述，只讲解不同的部分。

![变形工具选项对话框]

图4.70 "变形工具选项"对话框

"变形工具选项"对话框各选项的含义说明如下。

- **全局画笔尺寸**：指定变形笔刷的大小、角度和强度。"宽度"和"高度"用来设置笔刷的大小；"角度"用来设置笔刷的旋转角度。在"宽度"和"高度"值不相同时，即笔刷显示为椭圆形笔刷时，利用"角度"参数可以控制绘制时的图形效果。"强度"用来指定笔刷使用时的变形强度，其值越大，变形的强度就越大。如果安装有数字板或数字笔，勾选"使用压感笔"复选框，可以控制压感笔的强度。
- **变形选项**：设置变形的细节和简化效果。"细节"是用来设置变形时图形对象上锚点的；"简化"用来设置变形时图形的复杂程度。
- **显示画笔大小**：勾选该复选框，光标将呈现画笔大小形状显示；如果不勾选该复选框，光标将显示为十字线效果。

在工具箱中选择"变形工具"![icon]，并通过"变形工具选项"对话框设置相关的参数后，将光标移动到要进行变形的图形对象上，光标将以圆形形状显示出画笔的大小，按住鼠标拖动以变形图形，达到满意的效果后释放鼠标，即可变形图形对象，如图4.71所示。

其他液化工具选项对话框中，参数设置也有与"变形工具选项"对话框参数相同的部分，在后面不再赘述，相同部分可参考"变形工具选项"对话框各选项的含义说明。

● **旋转扭曲速率**：设置旋转扭曲的变形速度。取值范围为-180°~180°。当数值越接近-180°或180°时，对象的扭转速度越快。越接近0°，扭转的速度越平缓。负值以顺时针方向扭转图形，正值则会以逆时针方向扭转图形。

在工具箱中选择"旋转扭曲工具" 🐌，并通过"旋转扭曲工具选项"对话框设置相关的参数后，将光标移动到要进行变形的图形对象上，光标将以圆形形状显示出画笔的大小，按住鼠标向下拖动以变形图形，达到满意的效果后释放鼠标，即可旋转扭曲图形对象，如图4.73所示。

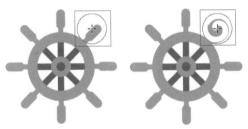

图4.73 使用"旋转扭曲工具"拖动变形

4.3.4 缩拢工具

使用"缩拢工具" ❋主要将图形对象进行收缩变形。不但可以根据鼠标拖动的方向将图形对象向内收缩变形，也可以在原地按住鼠标不动将图形对象向内收缩变形。在工具箱中双击该工具，可以打开如图4.74所示的"收缩工具选项"对话框，对"缩拢工具"的参数进行详细设置。该工具的参数选项与"变形工具"相同，这里不再赘述，可参考"变形工具"参数讲解。

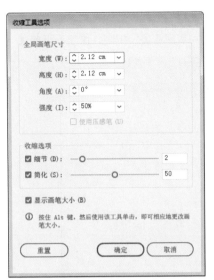

图4.74 "收缩工具选项"对话框

在工具箱中选择"缩拢工具" ❋，并通过"收缩工具选项"对话框设置相关的参数后，将光标移动到要进行变形的图形对象上，光标将以圆形形状显示出画笔的大小，按住鼠标向上拖动，达到满意的效果后释放鼠标，即可收缩图形对象，如图4.75所示。

图4.75 使用"缩拢工具"拖动变形

4.3.5 膨胀工具

"膨胀工具" ✿与"缩拢工具" ❋的作用正好相反，主要将图形对象进行扩张膨胀变形。它也可以原地按住鼠标膨胀图形或拖动鼠标膨胀图形。双击工具箱中的该按钮，可以打开如图4.76所示的"膨胀工具选项"对话框，对"膨胀工具"的参数进行详细的设置。该工具的参数选项与"变形工具"相同,这里不再赘述,可参考"变形工具"参数讲解。

图4.76 "膨胀工具选项"对话框

选择"膨胀工具" ,并通过"膨胀工具选项"对话框设置相关的参数后,将光标移动到要进行变形的图形对象上,光标将以圆形形状显示出画笔的大小,按住鼠标原地不动稍等一会,可以看到图形在急速变化,达到需要的效果后释放鼠标,即可膨胀图形对象,如图4.77所示。

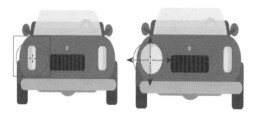

图4.77 使用"膨胀工具"原地变形

4.3.6 扇贝工具 重点

使用"扇贝工具" 可以在图形对象的边缘位置创建随机的三角扇贝形状效果,特别是向图形内部拖动时效果最为明显。在工具箱中双击该工具,可以打开如图4.78所示的"扇贝

工具选项"对话框,在该对话框中可以对"扇贝工具"的参数进行详细的设置。

图4.78 "扇贝工具选项"对话框

"扇贝工具选项"对话框中各选项的含义说明如下。

- **复杂性:** 设置图形对象变形的复杂程度,产生三角扇贝形状的数量。从右侧的下拉列表中,可以选择1~15,值越大越复杂,产生的扇贝状变形越多。
- **画笔影响锚点:** 勾选该复选框,变形的图形对象每个转角位置都将产生相对应的锚点。
- **画笔影响内切线手柄:** 勾选该复选框,变形的图形对象将沿三角形正切方向变形。
- **画笔影响外切线手柄:** 勾选该复选框,变形的图形对象将沿反三角正切的方向变形。

在工具箱中选择"扇贝工具" ,并通过"扇贝工具选项"对话框设置相关的参数后,将光标移动到要进行变形的图形对象上,光标将以圆形形状显示出画笔的大小,按住鼠标拖动,达到满意的效果后释放鼠标,即可在图形的边缘位置创建随机的三角扇贝形状效果,如图4.79所示。

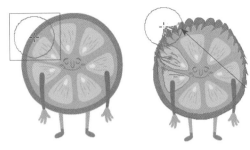

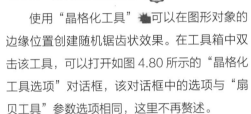

图4.79 使用"扇贝工具"拖动变形

4.3.7 晶格化工具 （重点）

使用"晶格化工具" ![icon] 可以在图形对象的边缘位置创建随机锯齿状效果。在工具箱中双击该工具，可以打开如图 4.80 所示的"晶格化工具选项"对话框，该对话框中的选项与"扇贝工具"参数选项相同，这里不再赘述。

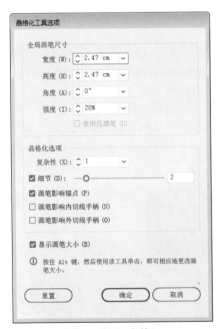

图4.80 "晶格化工具选项"对话框

在工具箱中选择"晶格化工具" ![icon]，并通过"晶格化工具选项"对话框设置相关的参数后，将光标移动到要进行变形的图形对象上，光标将以圆形形状显示出画笔的大小，按住鼠标拖动，达到满意的效果后释放鼠标，即可在图形

的边缘位置创建随机的锯齿状效果，如图 4.81 所示。

图4.81 使用"晶格化工具"拖动变形

4.3.8 皱褶工具

使用"皱褶工具" ![icon] 可以在图形对象上创建类似皱纹或折叠的凸状变形效果。在工具箱中双击该工具，可以打开如图 4.82 所示的"皱褶工具选项"对话框，在该对话框中可以对"皱褶工具"的参数进行详细的设置。

图4.82 "皱褶工具选项"对话框

"皱褶工具选项"对话框各选项的含义说明如下。

- 水平：指定水平方向的皱褶数量，其值越大，产生的皱褶效果越强烈。如果不想在水平方向上产生皱褶，可以将其值设置为0%。
- 垂直：指定垂直方向的皱褶数量，其值越大，产生的皱褶效果越强烈。如果不想在垂直方向上产生皱褶，可以将其值设置为0%。

在工具箱中选择"皱褶工具"，并通过"皱褶工具选项"对话框设置相关的参数后，将光标移动到要进行变形的图形对象上，光标将以圆形形状显示出画笔的大小，按住鼠标向下拖动，达到满意的效果后释放鼠标，即可在图形的边缘位置创建类似皱纹或折叠的凸状变形效果，如图 4.83 所示。

图4.83 使用"皱褶工具"拖动变形

4.4 拓展训练

本章安排了 3 个拓展训练，通过这些实战的操作，可以掌握图形的选择与编辑技巧，为提高整体设计能力提供支持。

训练4-1 利用"直接选择工具"制作立体图形

◆实例分析

本例主要讲解利用"直接选择工具"制作立体图形的方法，最终效果如图 4.84 所示。

难　　度：★★★
素材文件：无
案例文件：第 4 章 \ 制作立体图形 .ai
效果文件：第 4 章 \ 训练 4-1 利用"直接选择工具"制作立体图形 .avi

图4.84 最终效果

◆本例知识点

1. "矩形工具" ▭
2. "直接选择工具" ▷
3. "圆角"命令

训练4-2 利用"缩放"命令绘制花朵

◆实例分析

本例主要讲解利用"缩放"命令绘制花朵的方法,最终效果如图4.85所示。

难 度: ★★
素材文件: 无
案例文件: 第4章\绘制花朵.ai
效果文件: 第4章\训练4-2 利用"缩放"命令绘制花朵.avi

图4.85 最终效果

◆本例知识点

1. "钢笔工具" ✎
2. "旋转工具" ↺
3. "缩放"命令

训练4-3 利用"自由变换工具"制作空间舞台效果

◆实例分析

本例主要讲解利用"自由变换工具"制作空间舞台效果的方法,最终效果如图4.86所示。

难 度: ★★
素材文件: 无
案例文件: 第4章\制作空间舞台效果.ai
效果文件: 第4章\训练4-3 利用"自由变换工具"制作空间舞台效果.avi

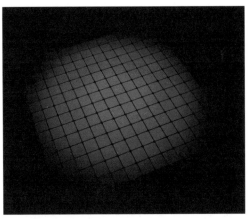

图4.86 最终效果

◆本例知识点

1. "移动"命令
2. "渐变"面板
3. "自由变换工具" ⊡

第 **5** 章

画笔与符号工具

Illustrator CC 2018 提供了丰富的艺术图案资源，本章主要讲解艺术工具的使用。首先讲解了画笔艺术，包括"画笔"面板和各种画笔的创建和编辑方法，画笔库的使用。然后讲解了符号艺术，包括"符号"面板和各种符号工具的使用和编辑方法。应用画笔库和符号库中的图形会使你的图形更加绚丽多姿。通过本章艺术工具的讲解，读者能够快速掌握艺术工具的使用方法，并利用这些种类繁多的艺术工具提高创建水平，设计出更加丰富的艺术作品。

教学目标

学习"画笔"面板的使用
学习"符号"面板的使用
掌握画笔的创建及使用技巧
掌握符号艺术工具的使用技巧

Illustrator CC 2018 为用户提供了一种特殊的工具——画笔，而且为其提供了相当多的画笔库，方便用户的使用，利用画笔工具可以制作出许多精美的艺术效果。

5.1.1 使用"画笔"面板

"画笔"面板可以用来管理画笔文件，如创建新画笔、修改画笔和删除画笔等操作。Illustrator CC 2018 还提供了预设的画笔样式效果，可以打开这些预设的画笔样式来使用，绘制更加丰富的图形。执行菜单栏中的"窗口"|"画笔"命令，或按F5键，即可打开如图5.1所示的"画笔"面板。

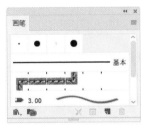

图5.1 "画笔"面板

1. 打开画笔库

Illustrator CC 2018 为用户提供了默认的画笔库，画笔库可以通过3种方法来打开，具体的操作方法如下。

- **方法1：** 执行菜单栏中的"窗口"|"画笔库"命令，然后在其子菜单中选择所需要打开的画笔库即可。
- **方法2：** 单击"画笔"面板右上角的菜单按钮≡，打开"画笔"面板菜单，从菜单命令中选择"打开画笔库"命令，然后在其子菜单中选择需要打开的画笔库即可。
- **方法3：** 单击"画笔"面板左下方的"画笔库菜单"按钮▮▮，在弹出的菜单中选择需要打开的画笔库即可。

2. 选择画笔

打开画笔库后，如果想选择某一种画笔，直接单击该画笔即可将其选择。如果想选择多个画笔，可以按住 Shift 键选择多个连续的画笔，也可以按住 Ctrl 键选择多个不连续的画笔。如果要选择未使用的所有画笔，可以在"画笔"面板菜单中选择"选择所有未使用的画笔"命令。

3. 画笔的显示或隐藏

为了方便选择，可以将画笔按类型显示，在"画笔"面板菜单中，选择相关的选项即可，如"显示书法画笔""显示散点画笔""显示图案画笔""显示毛刷画笔"和"显示艺术画笔"。显示相关画笔后，在该命令前将出现一个对号，如果不想显示某种画笔，再次单击将对号取消即可。

4. 删除画笔

如果不想保留某些画笔，可以将其删除。首先在"画笔"面板中选择要删除的一个或多个画笔，然后单击"画笔"面板底部的"删除画笔"按钮🗑，将弹出一个询问对话框，询问是否删除选定的画笔，单击"是"按钮，即可将选定的画笔删除。删除画笔操作效果如图 5.2 所示。

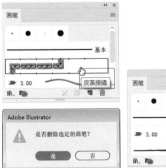
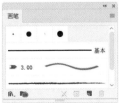

图5.2 删除画笔操作效果

5.1.2 使用画笔工具

"画笔"面板中所提供的画笔库一般是结合"画笔工具" ✏ 来应用的，在使用"画笔工具" ✏ 前，可以在工具箱中双击"画笔工具" ✏，打开如图5.3所示的"画笔工具选项"对话框，对画笔进行详细的设置。

图5.3 "画笔工具选项"对话框

"画笔工具选项"对话框中各选项的含义说明如下。

- **保真度**：设置画笔绘制路径曲线时的精确度，越靠近"精确"，绘制的曲线就越精确，相应的锚点就越多；越靠近"平滑"，绘制的曲线就越粗糙，相应的锚点就越少。
- **填充新画笔描边**：勾选该复选框，当使用画笔工具绘制曲线时，将自动为曲线内部填充颜色；如果不勾选该复选框，则绘制的曲线内部将不填充颜色。
- **保持选定**：勾选该复选框，当使用画笔工具绘制曲线时，绘制出的曲线将处于选中状态；如果不勾选该复选框，绘制的曲线将不被选中。
- **编辑所选路径**：勾选该复选框，则可编辑选中的曲线的路径，可使用画笔工具来改变现有选中的路径，并可以在"范围"文本框中设置编辑范围。当画笔工具与该路径之间的距离接近设置的数值，即可对路径进行编辑修改。

设置好"画笔工具" ✏ 的参数后，就可以使用"画笔工具" ✏ 进行绘图了。选择"画笔工具" ✏ 后，在"画笔"面板中，选择一个画笔样式，然后设置需要的描边颜色，在文档中

按住鼠标随意地拖动即可绘图，如图5.4所示。

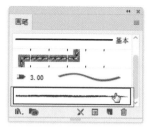

图5.4 使用画笔工具绘图

5.1.3 应用画笔描边

画笔库中的画笔样式，不但可以使用"画笔工具"直接绘制，还可以将其应用到现有的路径中。应用过画笔的路径，还可以利用其他画笔样式来替换。具体的操作方法如下。

1. 应用画笔到路径

首先选择一个要应用画笔样式的图形对象，然后在"画笔"面板中，单击要应用到路径的画笔样式，即可将画笔样式应用到选择图形的路径上。应用画笔到路径的操作效果如图5.5所示。

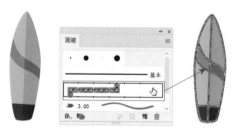

图5.5 应用画笔到路径的操作效果

2. 替换画笔样式

应用过画笔的路径，如果觉得应用的画笔效果并不满意，还可以使用其他的画笔样式来替换当前的画笔样式，这样可以更加方便查看其他画笔样式的应用效果，以选择最适合的画笔样式。

例如，在前面讲过应用画笔到路径，现在要替换其他的画笔样式，可以首先选择该图形，

然后在"画笔"面板中，也可以打开其他的画笔库，单击需要替换的画笔样式，即可将原来的画笔样式替换。替换画笔样式的操作效果如图5.6所示。

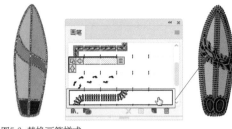

图5.6 替换画笔样式

5.2 新建画笔

Illustrator CC 2018 为用户提供了 5 种类型的画笔，还提供了相当多的画笔库，但这并不能满足用户的需要，所以系统还提供了画笔的新建功能，用户可以根据自己的需要创建属于自己的画笔库，方便不同用户的使用。在创建画笔前，首先了解画笔的类型及说明。

"画笔"面板提供了丰富的画笔效果，可以利用"画笔工具"来绘制这些图案样式，不过总体来说，画笔的类型包括书法画笔、散点画笔、图案画笔、毛刷画笔和艺术画笔 5 种。

5.2.1 画笔类型

1. 书法画笔

书法画笔是这几种画笔中，与现实中的画笔最接近的一种，像生活中使用的蘸水笔一样，直接拖动绘制就可以了，而且可以根据绘制的角度产生粗细不同的笔画效果。书法画笔效果如图 5.7 所示。

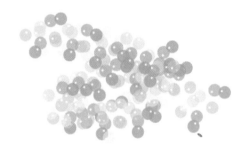

图5.8 散点画笔效果

3. 图案画笔

图案画笔可以沿路径重复绘制出由一个图形拼贴组成的图案效果，包括 5 种拼贴，分别是外角拼贴、边线拼贴、内角拼贴、起点拼贴和终点拼贴。图案画笔效果如图 5.9 所示。

4. 毛刷画笔

毛刷画笔可以模仿自然绘画笔触的功能，使绘画更具自然效果，用带压感、方向感应的绘图板应该能得出更好的效果。毛刷画笔效果如图 5.10 所示。

图5.7 书法画笔效果

2. 散点画笔

该画笔可以将画笔样式沿着路径散布，产生分散分布的效果，而且画笔的样式保持整体效果。选择该画笔后，直接拖动绘制，画笔样式将沿路径自动分布。散点画笔效果如图 5.8 所示。

5. 艺术画笔

艺术画笔可以将画笔样式沿着路径的长度，平均拉长画笔以适应路径。艺术画笔效果如图5.11所示。

图5.9 图案画笔 效果　　图5.10 毛刷画 笔效果　　图5.11 艺术画笔 效果

5.2.2 创建书法画笔

如果默认的书法画笔不能满足需要，可以自己创建新的书法画笔，也可以修改原有的书法画笔，以达到自己需要的效果。下面来讲解新建书法画笔的方法。

练习5-1 创建书法画笔

难　度：	★
素材文件：	无
案例文件：	无
效果文件：	第5章\练习5-1 创建书法画笔.avi

01 在"画笔"面板中，单击面板底部的"新建画笔"按钮，打开"新建画笔"对话框，在该对话框中，选择"书法画笔"单选按钮，如图5.12所示。

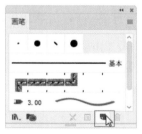 

图5.12 新建画笔操作

02 选择画笔类型后，单击"确定"按钮，打开"书法画笔选项"对话框，在该对话框中对新建的画笔进行详细的设置，如图5.13所示。

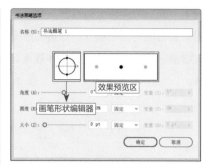

图5.13 "书法画笔选项"对话框

"书法画笔选项"对话框中各选项的含义说明如下。

- **名称：** 设置书法画笔的名称。
- **画笔形状编辑器：** 通过该区域可以直观地调整画笔的外观。拖动图中黑色的小圆点，可以修改画笔的圆角度；拖动箭头可以修改画笔的角度，如图5.14所示。

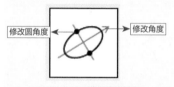

图5.14 画笔形状编辑器

- **效果预览区：** 在这里可以预览书法画笔修改后的应用效果。
- **角度：** 设置画笔旋转椭圆形角度。可以在"画笔形状编辑器"中拖动箭头修改角度，也可以直接在该文本框中输入旋转的数值。
- **圆度：** 设置画笔的圆角度，即长宽比例。可以在"画笔形状编辑器"中拖动黑色的小圆点来修改圆角度，也可以直接在该文本框中输入圆角度。
- **大小：** 设置画笔的大小。可以直接拖动滑块来修改，也可以在文本框中输入要修改的数值。在"角度""圆度"和"大小"后的下拉列表中，可以选择希望控制角度、圆度和大小变量的方式。
- **固定：** 如果选择"固定"选项，则会使用相关文本框中的数值作为画笔固定值，即角度、圆度和大小是固定不变的。
- **随机：** 使用指定范围内的数值，随机改变画笔的角度、圆度和大小。选择"随机"选项时，需要在"变量"文本框中输入数值,指定画笔变化的范围。对每个画笔而言,"随机"所使用的数值可以是画笔特性文本框中的数值加、减变化值后所得数值之间的任意数值。例:如果"大小"值为30、"变量"值为10,则大小可以是20或40,或是其间的任意数值。

• "压力""光笔轮""倾斜""方位"和"旋转":只有在使用数字板时才可使用此选项,使用的数值由数字笔的压力所决定。当选择"压力"时,也需要在"变量"文本框中输入数值。"压力"使用画笔特性文本框中的数值,减去"变量"值后所得的数值,作为数字板上最轻的压力;画笔特性文字框中的数值,加上"变量"值后所得的数值则是最重的压力。例:如果"圆度"为75%、"变量"为25%,则最轻的笔画为50%,最重的笔画为100%。压力越轻,则画笔笔触的角度越为明显。

03 在"书法画笔选项"对话框中设置好参数后,单击"确定"按钮,即可创建一个新的书法画笔样式,新建的书法画笔样式将自动添加到"画笔"面板中,如图5.15所示。

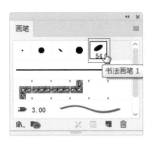

图5.15 新建书法画笔

5.2.3 创建散点画笔

散点画笔的新建与书法画笔有所不同,不能直接单击"画笔"面板下方的"新建画笔"按钮来创建,它需要先选择一个图形对象,然后将该图形对象创建成新的散点画笔。下面通过一个符号图形,讲解新建散点画笔的方法。

难　度:	★★
素材文件:	无
案例文件:	无
效果文件:	第5章\练习5-2 创建散点画笔.avi

01 执行菜单栏中的"窗口"|"符号库"|"自然"命令,打开"自然"符号面板,在该面板中选择"蜜蜂"符号,将其拖放到文档中,如图5.16所示。

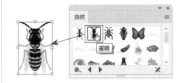

图5.16 拖动符号

02 选择蜜蜂符号,单击"画笔"面板底部的"新建画笔"按钮,打开"新建画笔"对话框,在该对话框中,选择"散点画笔"单选按钮,如图5.17所示。

图5.17 新建散点画笔

03 在"新建画笔"对话框中,单击"确定"按钮,打开如图5.18所示的"散点画笔选项"对话框,在该对话框中,对散点画笔进行详细的设置。

图5.18 "散点画笔选项"对话框

"散点画笔选项"对话框中各选项的含义说明如下。

- **名称：**设置散点画笔的名称。
- **大小：**设置散点画笔的大小。
- **间距：**设置散点画笔之间的距离。
- **分布：**设置路径两侧的散点画笔对象与路径之间接近的程度。数值越高，对象与路径之间的距离越远。
- **旋转：**设置散点画笔的旋转角度。

在"大小""间距""分布"和"旋转"后的下拉列表中，可以选择希望控制大小、间距、分布和旋转变量的方式。

- **固定：**如果选择"固定"选项，则会使用相关文本框中的数值作为散点画笔固定值，即大小、间距、分布和旋转是固定不变的。
- **随机：**拖动每个最小值滑块和最大值滑块，或在每个项右边两个文本框中输入相应属性的范围。对于每一个笔画，随机使用最大值和最小值之间的任意值。例如，当"大小"的最小值是 20%、最大值是 70% 时，对象的大小可以是 20% 或 70%，或它们之间的任意值。

- **旋转相对于：**设置散点画笔旋转时的参照对象。选择"页面"选项，散点画笔的旋转角度是相对于页面的，其中0°指向垂直于顶部的方向；选择"路径"选项，散点画笔的旋转角度是相对于路径的，其中0°是指路径的切线方向。旋转相对于页面和路径的不同效果，分别如图5.19、图5.20所示。

图5.19 相对于页面　　　图5.20 相对于路径

- **着色：**设置散点画笔的着色方式，可以在其下拉列表中选择需要的选项。

- **无：**选择该项，散点画笔的颜色将保持原本"画笔"面板中该画笔的颜色。
- **色调：**以不同浓淡的笔画颜色显示，散点画笔中的黑色部分变成笔画的颜色，不是黑色部分变成笔画颜色的淡色，白色保持不变。
- **淡色和暗色：**以不同浓淡的画笔颜色显示，散点画笔中的黑色和白色不变，介于黑白中间的颜色将根据不同灰度级别，显示不同浓淡程度的笔画颜色。
- **色相转换：**在散点画笔中使用主色颜色框中显示的颜色，散点画笔的主色变成画笔笔画颜色，其他颜色变成与笔画颜色相关的颜色，它保持黑色、白色和灰色不变。对使用多种颜色的散点画笔，选择"色相转换"选项。

04 在"散点画笔选项"对话框中设置好参数后，单击"确定"按钮，即可创建一个新的散点画笔样式。新建的散点画笔样式将自动添加到"画笔"面板中，如图5.21所示。

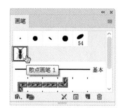

图5.21 新建散点画笔样式

5.2.4 创建图案画笔

图案画笔的创建有两种方法，可以选择文档中的某个图形对象来创建图案画笔，也可以将某个图形先定义为图案，然后利用该图案来创建图案画笔。前一种方法与前面讲解过的书法画笔和散点画笔的创建方法相同。下面来讲解先定义图案然后创建画笔的方法。

练习5-3 创建图案画笔

难　度：★★★		
素材文件：无		
案例文件：无		
效果文件：第 5 章 \ 练习 5-3 创建图案画笔 .avi		

01 执行菜单栏中的"窗口"|"符号库"|"自然"命令，打开"自然"符号面板，在该面板中选择"蝴蝶"符号，将其拖放到文档中，如图5.22所示。

02 将"蝴蝶"符号直接拖动到"画笔"面板中，如图5.23所示。

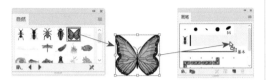

图5.22 拖动符号效果　　图5.23 将符号拖动到"画笔"面板

03 释放鼠标后，将打开"新建画笔"对话框，在该对话框中，选择"图案画笔"单选按钮，然后单击"确定"按钮，打开如图5.24所示的"图案画笔选项"对话框，在该对话框中可以对图案画笔进行详细的设置。

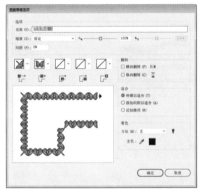

图5.24 "图案画笔选项"对话框

　　"图案画笔选项"对话框中的选项与前面讲解过的书法画笔和散点画笔有很多相同，这里不再赘述，详情可参考前面的讲解，这里将不同的部分的含义说明如下。

- **拼贴选项**：这里显示了5种图形的拼贴，包括外角拼贴、边线拼贴、内角拼贴、起点拼贴和终点拼贴，如图5.25所示。拼贴是对路径、路径的转角、路径起始点、路径终止点图案样式的设置，每一种拼贴样式图下端都有图例指示，读者可以根据图示很容易地理解拼贴位置。

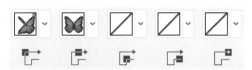

图5.25 5种图形拼贴

- **5个图形拼贴下拉列表**：在"拼贴选项"中单击某个拼贴，在弹出的拼贴下拉列表中就可以选择图案样式。若用户不想设置某个拼贴样式，可以选择"无"选项；若用户想恢复原来的某个拼贴样式，可以选择"原始"选项。这些拼贴下拉列表中的图案样式实际上是"色板"面板中的图案，所以可以编辑"色板"面板中的图案来增加拼贴图案。

- **缩放**：设置图案的大小。在"缩放"文本框中输入数值，可以设置各拼贴图案样式的总体大小。

- **间距**：在"间距"文本框中输入数值，可以设置每个图案之间的间隔。

- **翻转**：指定图案的翻转方向。勾选"横向翻转"复选框，表示图案沿垂直轴向翻转；勾选"纵向翻转"复选框，表示图案沿水平轴向翻转。

- **适合**：设置图案与路径的关系。选择"伸展以适合"单选按钮，可以伸长或缩短图案拼贴样式以适应路径，这样可能会产生图案变形；选择"添加间距以适合"单选按钮，将以添加图案拼贴间距的方式使图案适合路径；选择"近似路径"单选按钮，在不改变拼贴样式的情况下，将拼贴样式排列成最接近路径的形式，为了保持图案样式不变形，图案将应用于路径的里边或外边一点。

04 在"图案画笔选项"对话框中，设置好相关的参数后，单击"确定"按钮，即可创建一个图案画笔，新创建的图案画笔将显示在"画笔"面板中，如图5.26所示。

图5.26 新建图案画笔样式

5.2.5 创建毛刷画笔

以前矢量绘画很难达到自然绘画效果，有了毛刷画笔就不一样了，它可以模仿逼真的自然笔触，比如毛刷密度、粗细、不透明度、硬度等，绘制出自然的图画。

练习5-4 创建毛刷画笔

难　　度：	★
素材文件：	无
案例文件：	无
效果文件：	第 5 章 \ 练习 5-4 创建毛刷画笔 .avi

毛刷画笔的创建非常简单，直接单击"画笔"面板底部的"新建画笔"按钮，打开"新建画笔"对话框，选择"毛刷画笔"单选按钮，然后单击"确定"按钮，打开如图 5.27 所示的"毛刷画笔选项"对话框，在该对话框中可以对毛刷画笔进行详细的设置。

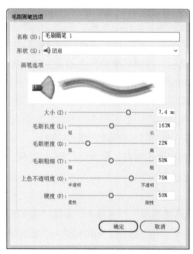

图5.27 "毛刷画笔选项"对话框

"毛刷画笔选项"对话框中各选项的含义说明如下。

- **名称：** 设置毛刷画笔的名称。
- **形状：** 从右侧的下拉列表中，可以指定毛刷画笔的形状，包括圆点、圆钝形、圆曲线、圆角、团角、团扇、平坦点、钝角、平曲线、平角和扇形11种。
- **大小：** 设置毛刷画笔的大小，值越大，毛刷画笔越粗。
- **毛刷长度：** 设置毛刷的长度，值越大，毛刷长度越长，绘制毛刷之间间距越大。
- **毛刷密度：** 设置毛刷刷毛的密度，值越大，密度越大。
- **毛刷粗细：** 设置毛刷刷毛的粗线，值越大，刷毛越粗。
- **上色不透明度：** 设置毛刷绘制时颜色的深浅程度，值越大越深，代表越不透明。
- **硬度：** 设置毛刷画笔的刷毛硬度，值越大，刚性越强。

参数设置完成后，单击"确定"按钮，即可创建一个新的毛刷画笔，并显示在"画笔"面板中，如图 5.28 所示。

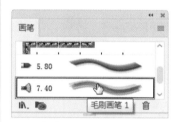

图5.28 新建毛刷画笔

5.2.6 创建艺术画笔

艺术画笔的创建与其他画笔的创建方法相似，选择一个图形对象后，单击"画笔"面板底部的"新建画笔"按钮，打开"新建画笔"对话框，在该对话框中，选择"艺术画笔"单选按钮，然后单击"确定"按钮，打开如图 5.29 所示的"艺术画笔选项"对话框，在该对话框中可以对艺术画笔进行详细的设置。

练习5-5 创建艺术画笔 重点

难　　度：	★
素材文件：	无
案例文件：	无
效果文件：	第 5 章 \ 练习 5-5 创建艺术画笔 .avi

图5.29 "艺术画笔选项"对话框

"艺术画笔选项"对话框中的选项与前面讲解过的书法画笔、散点画笔和图案画笔有很多相同，这里不再赘述，详情可参考前面的讲解，这里将不同的部分的含义说明如下。

- **方向：** 设置绘制图形的方向显示。可以单击下方的4个方向按钮来调整，同时在预览框中有一个蓝色的箭头图标，显示艺术画笔的方向效果。
- **宽度：** 设置艺术画笔样式的宽度。

5.3 符号艺术

符号是 Illustrator CC 2018 的又一大特色。符号具有很大的方便性和灵活性，它不但可以快速创建很多相同的图形对象，还可以利用相关的符号工具对这些对象进行相应的编辑，比如移动、缩放、旋转、着色和使用样式等。符号的使用还可以大大节省文件的空间大小，因为应用的相同符号只需要记录其中的一个符号即可。

5.3.1 使用"符号"面板

"符号"面板是用来放置符号的地方，使用"符号"面板可以管理符号文件，可以进行新建符号、重新定义符号、复制符号、编辑符号和删除符号等操作。同时，还可以通过打开符号库调用更多的符号。

执行菜单栏中的"窗口"|"符号"命令，打开如图 5.30 所示的"符号"面板。在"符号"面板中，可以通过单击来选择相应的符号。按住 Shift 键可以选择多个连续的符号；按住 Ctrl 键可以选择多个不连续的符号。

图5.30 "符号"面板

1. 打开符号库

Illustrator CC 2018 为用户提供了默认的符号库，可以通过 3 种方法来打开符号库，具体的操作方法如下。

- **方法1：** 执行菜单栏中的"窗口"|"符号库"命令，然后在其子菜单中选择需要打开的符号库。
- **方法2：** 单击"符号"面板右上角的菜单按钮 ，打开"符号"面板菜单，选择"打开符号库"命令，然后在其子菜单中选择需要打开的符号库。
- **方法3：** 单击"符号"面板左下方的"符号库菜单"按钮 ，在弹出的菜单中选择需要打开的符号库。

2. 放置符号

所谓放置符号就是将符号导入文档中应用符号，放置符号可以使用两种方法来操作，具体方法如下。

- **方法1：** 菜单法。在"符号"面板中，单击选择一个要放置到文档中的符号对象，然后在"符号"面板菜单中，选择"放置符号实例"命令，即可将选择的符号放置到当前文档中。操作效果如图5.31所示。

图5.31 放置符号实例操作

- **方法2：** 拖动法。在"符号"面板中，选择要置入的符号对象，然后将其直接拖动到文档中，当光标变成🔖状时，释放鼠标即可将符号导入文档中。操作效果如图5.32所示。

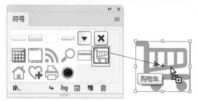

图5.32 拖动法置入符号操作

3. 编辑符号

Illustrator CC 2018 还可以对现有的符号进行编辑处理。在"符号"面板中，选择要编辑的符号后，选择"符号"面板菜单中的"编辑符号"命令，将打开符号编辑窗口，并在文档的中心位置显示当前符号，可以像编辑其他图形对象一样，对符号进行编辑，如缩放、旋转、填色和变形等多种操作。如果该符号已经在文档中使用，对符号编辑后将影响前面使用的符号效果。

如果当前文档中置入了要编辑的符号，也可以选择该符号后，单击控制栏中的"编辑符号"按钮，或直接在文档中双击该符号，都可以打开符号编辑窗口进行符号的修改。

4. 替换符号

替换符号就是将文档中使用的现有符号，使用其他符号来代替。

首先在文档中选择要被替换的符号，然后在"符号"面板中单击选择要替换的符号，再从"符号"面板菜单中选择"替换符号"命令，即可将符号替换。操作效果如图 5.33 所示。

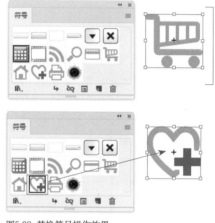

图5.33 替换符号操作效果

5. 查看符号

"符号"面板中的符号可以以不同的视图进行查看，方便不同的操作需要。要查看符号，可以从"符号"面板菜单中，分别选择"缩览图视图""小列表视图"和"大列表视图"命令，3 种不同的视图效果如图 5.34 所示。

图5.34 3种不同的视图效果

6. 删除符号

如果不想保留某些符号，可以将其删除。首先在"符号"面板中选择要删除的一个或多个符号，然后单击"符号"面板底部的"删除符号"按钮🗑，将弹出一个询问对话框，询问是否删除所选的符号，单击"是"按钮，即可将选定的符号删除。删除符号操作过程如图5.35所示。

图5.35 删除符号操作过程

5.3.2 新建符号 重点

符号的创建不同于画笔的创建，它不受图形对象的限制，可以说所有的矢量和位图对象，都可以用来创建新符号，但不能使用链接的图形或 Illustrator CC 2018 的图表对象。新建符号的操作方法比较简单，下面就以打开的图形为例，讲解新建符号的操作方法。

01 执行菜单栏中的"文件"|"打开"命令，或按Ctrl + O快捷键，打开"火箭.ai"文件。

02 在文档中选择"火箭"图形，然后单击"符号"面板底部的"新建符号"按钮🗖，如图5.36所示。

图5.36 选择图形并单击"新建符号"按钮

03 打开如图5.37所示的"符号选项"对话框，对新建的符号进行详细的设置。

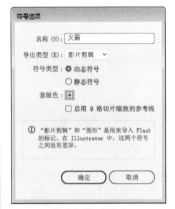

图5.37 "符号选项"对话框

"符号选项"对话框中各选项的含义说明如下。

- **名称：** 设置符号的名称。
- **导出类型：** 选择符号的导出类型。可以在输出到Flash后将符号设置为"图形"或"影片剪辑"。
- **套版色：** 在右侧的参考点▨上单击，设置符号输出到Flash时的符号中心点位置。
- **启用9格切片缩放的参考线：** 只有在选择"影片剪辑"导出类型时，此项才可以应用。勾选该复选框，当符号输出到Flash时可以使用9格切片缩放功能。

04 设置好参数后，单击"确定"按钮，即可创建一个新的符号。在"符号"面板中，可以看到这个新创建的符号，效果如图5.38所示。

图5.38 新建符号效果

符号工具总共有 8 种，分别为"符号喷枪工具" 、"符号移位器工具"、"符号紧缩器工具"、"符号缩放器工具"、"符号旋转器工具"、"符号着色器工具"、"符号滤色器工具"和"符号样式器工具"，符号工具栏如图 5.39 所示。

图5.39 符号工具栏

5.4.1 符号工具的相同选项 （重点）

在这 8 种符号工具中，有很多工具选项是相同的，为了后面不重复介绍这些工具选项，在此先将相同的工具选项介绍一下。在工具箱中双击任意一个符号工具，将打开"符号工具选项"对话框。例如，双击"符号喷枪工具"，打开如图 5.40 所示的"符号工具选项"对话框。

图5.40 "符号工具选项"对话框

相同的符号工具选项含义说明如下。

- **直径**：设置符号工具的笔触大小。
- **方法**：选择符号的编辑方法。有"平均""用户定义"和"随机"3个选项供选择，一般常用"用户定义"选项。
- **强度**：设置符号变化的速度，值越大表示变化的速度越快。也可以在选择符号工具后，按

Shift +]或Shift + [快捷键增加或减少强度，每按一下增加或减少1个强度单位。

- **符号组密度**：设置符号的密集度，它会影响整个符号组。值越大，符号越密集。
- **工具区**：显示当前使用的工具，当前工具处于按下状态。可以单击其他工具来切换不同工具，并显示该工具的属性设置选项。
- **显示画笔大小和强度**：勾选该复选框，在使用符号工具时，可以直观地看到符号工具的大小和强度。

5.4.2 符号喷枪工具 （重点）

"符号喷枪工具"像生活中的喷枪一样，只是它喷出的是一系列的符号对象，利用该工具在文档中单击或随意地拖动，可以将符号应用到文档中。

1. 符号喷枪工具选项

在工具箱中双击"符号喷枪工具"，可以打开如图 5.41 所示的"符号工具选项"对话框，利用该对话框可以对符号喷枪工具进行详细的属性设置。

图5.41 符号喷枪工具选项

符号喷枪工具选项含义说明如下。

- **紧缩**：设置产生符号组的初始收缩方法。
- **大小**：设置产生符号组的初始大小。
- **旋转**：设置产生符号组的初始旋转方向。
- **滤色**：设置产生符号组时使用100%的不透明度。
- **染色**：设置产生符号组时使用当前的填充颜色。
- **样式**：设置产生符号组时使用当前选定的样式。

2. 使用符号喷枪工具

在使用"符号喷枪工具" 前，首先应选择要使用的符号。执行菜单栏中的"窗口"|"符号库"|"花朵"命令，打开符号库中的"花朵"面板，选择"大丁草"符号，然后在工具箱中单击选择"符号喷枪工具" ，在文档中按住鼠标随意拖动，拖动时可以看到符号的轮廓效果，拖动完成后释放鼠标即可产生很多的大丁草符号。操作效果如图 5.42 所示。

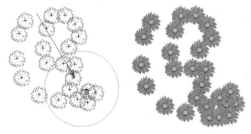

图5.42 符号喷枪创建符号操作效果

3. 添加符号到符号组

利用"符号喷枪工具" 可以在原符号组中添加其他不同类型的符号，以创建混合的符号组。

首先选择要添加其他符号的符号组，然后在"符号"面板中选择其他的符号，这里在"花朵"面板中选择"向日葵"符号，然后使用"符号喷枪工具" 在选择的原符号组中拖动，可以看到拖动时新符号的轮廓显示，达到满意的效果后释放鼠标，即可添加符号到符号组中。操作效果如图 5.43 所示。

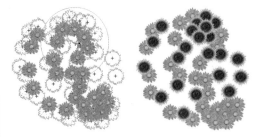

图5.43 添加符号到符号组操作效果

技巧

如果想删除新添加的符号或符号组，可以在按住 Alt 键的同时，使用"符号喷枪工具"在新符号或符号组上单击或拖动。要特别注意的是，该删除方法只能删除最后一次添加的符号或符号组，而不能删除前几次创建的符号或符号组。

5.4.3 符号移位器工具

"符号移位器工具" 主要用来移动文档的符号组中的符号实例，它还可以改变符号组中符号的前后顺序。因为"符号移位器工具" 没有相应的参数选项，这里不再讲解符号工具选项。

1. 移动符号位置

要移动符号位置，首先要选择该符号组，然后使用"符号移位器工具" ，将光标移动到要移动的符号上面，按住鼠标拖动，在拖动时可以看到符号移动的轮廓效果，达到满意的效果后释放鼠标，即可移动符号的位置。移动符号位置操作效果如图 5.44 所示。

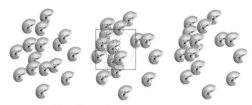

图5.44 移动符号位置操作效果

2. 修改符号的顺序

要修改符号的顺序，首先也要选择一个符号实例或符号组，然后使用"符号移位器工具" 在要修改顺序的符号实例上，按住 Shift + Alt 快捷键将该符号实例后移一层，或者按住 Shift 键将该符号实例前移一层。这里将鱼类符号实例后移一层，如图 5.45 所示。

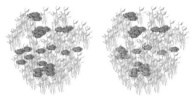

图5.45 符号实例后移的前后效果对比

5.4.4 符号紧缩器工具

利用"符号紧缩器工具" 可以将符号实例向鼠标处向内收缩或向外扩展，以制作紧缩或分散的符号组效果。

1. 收缩符号

要制作符号实例的收缩效果，首先选择要修改的符号组，然后选择"符号紧缩器工具" ，在需要收缩的符号上按住鼠标不放或拖动鼠标，可以看到符号实例快速向鼠标处收缩的轮廓图效果，达到满意效果后释放鼠标，即可完成符号的收缩。紧缩符号操作效果如图 5.46 所示。

图5.46 紧缩符号操作效果

2. 扩展符号

要制作符号实例的扩展效果，首先选择要修改的符号组，然后选择"符号紧缩器工具" ，在按住 Alt 键的同时，将光标移动到需要扩展的符号上，按住鼠标不放或拖动鼠标，可以看到符号实例快速从鼠标处向外扩散，达到满意效果后释放鼠标，即可完成符号的扩展。扩展符号操作效果如图 5.47 所示。

图5.47 扩展符号操作效果

5.4.5 符号缩放器工具

利用"符号缩放器工具" 可以将符号实例放大或缩小，以制作出大小不同的符号实例效果，产生丰富的层次感觉。

1. 符号缩放器工具选项

在工具箱中双击"符号缩放器工具" ，可以打开如图 5.48 所示的"符号工具选项"对话框，利用该对话框可以对符号缩放器工具进行详细的属性设置。

图5.48 符号缩放器工具选项

符号缩放器工具选项含义说明如下。

- 等比缩放：勾选该复选框，将等比缩放符号实例。
- 调整大小影响密度：勾选该复选框，在调整符号实例大小时，将同时调整符号实例的密度。

2. 放大符号

要放大符号实例，首先选择该符号组，然后在工具箱中选择"符号缩放器工具"，将光标移动到要缩放的符号实例上方，单击鼠标或按住鼠标不动或按住鼠标拖动，都可以将光标下方的符号实例放大。放大符号实例操作效果如图 5.49 所示。

图5.49 放大符号实例操作效果

3. 缩小符号

要缩小符号实例，首先选择该符号组，然后在工具箱中选择"符号缩放器工具"，将光标移动到要缩放的符号实例上方，在按住 Alt 键的同时，单击鼠标或按住鼠标不动或按住鼠标拖动，都可以将光标下方的符号实例缩小。缩小符号实例操作效果如图 5.50 所示。

图5.50 缩小符号实例操作效果

5.4.6 符号旋转器工具

利用"符号旋转器工具"可以旋转符号实例的角度，制作出不同方向的符号效果。首先选择要旋转的符号组，然后在工具箱中选择"符号旋转器工具"，在要旋转的符号上按住鼠标拖动，拖动的同时符号实例上将出现一个蓝色的箭头图标，显示符号实例旋转的方向效果，达到满意的效果后释放鼠标，即可将符号实例旋转一定的角度。旋转符号操作效果如图 5.51 所示。

图5.51 旋转符号操作效果

5.4.7 符号着色器工具

使用"符号着色器工具"可以在选择的符号对象上单击或拖动，对符号进行重新着色，以制作出不同颜色的符号效果，而且单击的次数和拖动的快慢将影响符号的着色效果。单击的次数越多，拖动的时间越长，着色的颜色越深。

要进行符号着色，首先选择要进行着色的符号组，然后在工具箱中选择"符号着色器工具"，在"颜色"面板中，设置进行着色所使用的颜色，比如这里设置颜色为青色（C：100，M：0，Y：0，K：0），然后将光标移动到要着色的符号上单击或拖动鼠标，如果想产生较深的颜色，可以多次单击或重复拖动，释放鼠标后就可以看到着色后的效果。符号着色操作效果如图 5.52 所示。

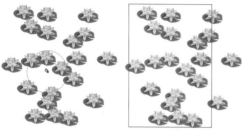

图5.52 符号着色操作效果

5.4.8 符号滤色器工具

　　利用"符号滤色器工具" 可以改变文档中符号实例的不透明度，以制作出深浅不同的透明效果。

　　要修改符号的不透明度，首先选择符号组，然后在工具箱中选择"符号滤色器工具" ，将光标移动到要设置不透明度的符号上方，单击鼠标或按住鼠标拖动，可以看到受到影响的符号将显示出蓝色的边框效果。鼠标单击的次数和拖动鼠标的重复次数将直接影响符号的不透明度效果，单击的次数越多，重复拖动的次数越多，符号变得越透明。拖动修改符号不透明度效果如图 5.53 所示。

图5.53 拖动修改符号不透明度效果

5.4.9 符号样式器工具

　　"符号样式器工具" 需要配合"图形样式"面板使用，可以为符号实例添加各种特殊的样式效果，比如投影、羽化和发光等效果。

　　要为符号实例添加图形样式，首先选择要使用的符号组，然后在工具箱中选择"符号样式器工具" ，执行菜单栏中的"窗口"|"图形样式"命令，或按 Shift +F5 快捷键，打开"图形样式"面板，选择"蓝色霓虹灯"样式，然后在符号组中单击或按住鼠标拖动，释放鼠标即可为符号实例添加图形样式。添加图形样式的操作效果如图 5.54 所示。

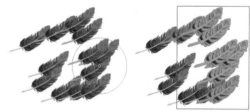

图5.54 添加图形样式的操作效果

Illustrator 的高级艺术工具在设计中起到非常重要的作用，用好这些工具，可以在设计中事半功倍。本章安排了两个拓展训练，对以上所学的基础知识加以巩固。

训练5-1 利用"钢笔工具"与"平滑工具"绘制铅笔

◆实例分析

本例通过"钢笔工具"与"平滑工具"的综合应用，讲解铅笔的绘制过程，最终效果如图5.55所示。

难　　度：★★★	
素材文件：无	
案例文件：第5章\绘制铅笔.ai	
效果文件：第5章\训练5-1 利用"钢笔工具"与"平滑工具"绘制铅笔.avi	

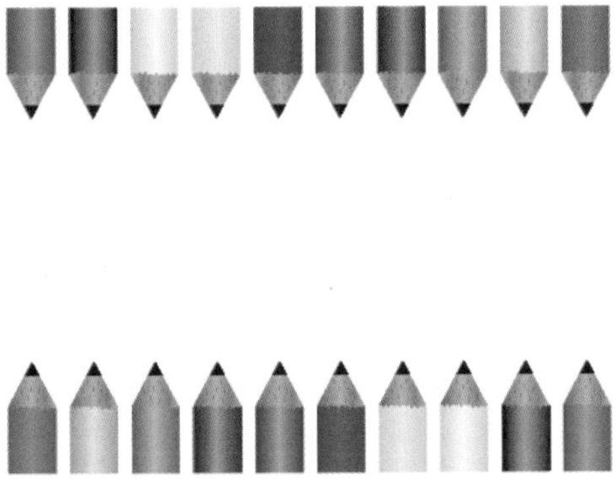

图5.55 最终效果

◆本例知识点

1．"钢笔工具"
2．"平滑工具"
3．"对称"命令

训练5-2 利用"椭圆工具"和"弧形工具"绘制瓢虫

◆实例分析

本例主要讲解瓢虫的绘制方法。首先使用"椭圆工具"和"弧形工具"绘制瓢虫的身体部分，然后将其填充渐变，利用"路径查找器"面板中的相关命令对瓢虫进行修形，通过"透明度"面板等制作出瓢虫整体效果，最终效果如图5.56所示。

难　　度：★★★	
素材文件：无	
案例文件：第5章\绘制瓢虫.ai	
效果文件：第5章\训练5-2 利用"椭圆工具"和"弧形工具"绘制瓢虫.avi	

图5.56 最终效果

◆本例知识点

1．"渐变工具"
2．"路径查找器"面板
3．"弧形工具"

第 6 章

修剪、混合与封套扭曲

本章首先讲解图形的修剪功能，然后讲解混合的艺术，详细阐述了混合的建立与编辑，混合轴的替换、混合的释放和扩展，以及封套扭曲的运用。通过本章的学习，读者能够掌握各种图形的修剪技巧，并熟练掌握混合和封套扭曲功能的使用。

教学目标

学习图形的修剪技术
掌握混合艺术工具的使用技巧
掌握封套扭曲的使用技巧

6.1 修剪图形对象

对图形对象的修剪，通常是利用"路径查找器"面板的"形状模式"和"路径查找器"区域中的命令来完成的。

6.1.1 "路径查找器"面板

使用"路径查找器"面板可以对图形对象进行各种修剪操作，通过组合、分割、相交等方式对图形进行修剪造型，可以由简单的图形修改出复杂的图形效果。熟悉它的用法将会使对多元素的控制能力大大增强，使复杂图形的设计变得更加得心应手。执行菜单栏中的"窗口"|"路径查找器"命令，即可打开如图 6.1 所示的"路径查找器"面板。

图6.1 "路径查找器"面板

6.1.2 联集、减去顶层、交集和

差集 重点

"路径查找器"面板总体可分为两个区域，分别为"形状模式"区域和"路径查找器"区域。下面来讲解"形状模式"区域中的联集、减去顶层、交集和差集的应用。

1. 联集

"联集"命令可以将所选择的所有对象合并成一个对象，被选对象内部的所有对象都被删除掉。相加后的新对象最前面一个对象的填充颜色与着色样式将应用到整体联合的对象上来，后面的命令也都遵循这个原则。

选择要进行相加的图形，然后单击"路径查找器"面板中的"联集"按钮，即可将所选图形合并成一个对象。联集操作前后效果如图 6.2 所示。

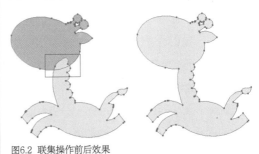

图6.2 联集操作前后效果

2. 减去顶层

"减去顶层"命令可以从选定的图形对象中减去一部分，通常是使用前面对象的轮廓作为界限，减去下面图形与之相交的部分。

选择要进行相减的图形，然后单击"路径查找器"面板中的"减去顶层"按钮，减去顶层操作前后效果如图 6.3 所示。

图6.3 减去顶层操作前后效果

3. 交集

"交集"命令可以将选定的图形对象中相交的部分保留，将不相交的部分删除。如果有多个图形，则保留的是所有图形的相交部分。

选择要进行相交的图形，然后单击"路径查找器"面板中的"交集"按钮，相交操作前后效果如图 6.4 所示。

图6.4 相交操作前后效果

4.差集

"差集"命令与"交集"命令产生的效果正好相反,可以将选定的图形对象中不相交的部分保留,而将相交的部分删除。如果选择的图形重叠个数为偶数,那么重叠的部分将被删除;如果重叠个数为奇数,那么重叠的部分将保留。

选择要进行排除重叠形状的图形,然后,单击"路径查找器"面板中的"差集"按钮 🔲,排除重叠形状区域操作前后效果如图6.5所示。

图6.5 排除重叠形状区域操作前后效果

练习6-1 使用"减去顶层"命令制作 电影胶片

难　　度：★★
素材文件：无
案例文件：第6章\制作电影胶片.ai
效果文件：第6章\练习6-1 使用"减去顶层"命令制作电影胶片.avi

01 选择工具箱中的"矩形工具" ▢,绘制一个矩形,将"填色"更改为黑色,"描边"为无,如图6.6所示。

图6.6 绘制矩形

02 选择工具箱中的"圆角矩形工具" ▢,绘制一个圆角矩形,设置"填色"为任意颜色,"描边"为无,如图6.7所示。

图6.7 绘制圆角矩形

03 选中圆角矩形,按住Alt+Shift快捷键向右侧拖动,按Ctrl+D快捷键再复制数份,如图6.8所示。

图6.8 复制图形

04 以同样方法在左上角再次绘制一个稍小的圆角矩形,如图6.9所示。

05 选中圆角矩形,按住Alt+Shift快捷键向右侧拖动,将图形复制,如图6.10所示。

图6.9 绘制圆角矩形　　　　图6.10 复制图形

06 按Ctrl+D快捷键将图形复制多份,如图6.11所示。

图6.11 复制图形

07 选中上方的圆角矩形,按住Alt+Shift快捷键向下方拖动,将图形复制,如图6.12所示。

图6.12 复制图形

08 同时选中所有图形，在"路径查找器"面板中，单击"减去顶层"按钮■，制作出镂空效果，这样就完成了电影胶片制作，最终效果如图6.13所示。

图6.13 最终效果

6.1.3 分割、修边、合并和裁剪 【重点】

除了上面讲解的"形状模式"区域外，"路径查找器"中还有一个"路径查找器"区域，下面来讲解"路径查找器"区域的相关按钮应用，包括分割、修边、合并和裁剪。

1. 分割

"分割"命令可以将所有选定的对象按轮廓线重叠区域分割，从而生成多个独立的对象，并删除每个对象被其他对象所覆盖的部分，而且分割后的图形填充和颜色都保持不变，各个部分保持原始的对象属性。如果分割的图形带描边效果，分割后的图形将按新的分割轮廓进行描边。

选择要进行分割的图形，然后单击"路径查找器"面板中的"分割"按钮■，分割操作前后效果如图6.14所示。

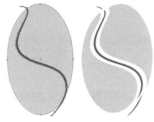

图6.14 分割操作前后效果

2. 修边

"修边"命令利用上面对象的轮廓来剪切下面所有对象，将删除图形相交时看不到的图形部分。如果图形有描边效果，将删除所有图形的描边。

选择要进行修边的图形，然后单击"路径查找器"面板中的"修边"按钮■，修边操作前后效果如图6.15所示。

图6.15 修边操作前后效果

3. 合并

"合并"命令与"修边"命令相似，可以利用上面的图形对象将下面的图形对象分割成多份。但与"修边"命令不同的是，"合并"命令会将颜色相同的重叠区域合并成一个整体。如果图形有描边效果，将删除所有图形的描边。

选择要进行合并的图形，然后单击"路径查找器"面板中的"合并"按钮■，合并操作前后效果如图6.16所示。

图6.16 合并操作前后效果

4. 裁剪

"裁剪"命令以最上面图形对象的轮廓为基础，裁剪所有下面的图形对象，与最上面图形对象不重叠的部分填充颜色变为无，可以将与最上面对象相交部分之外的对象全部裁剪掉。如果图形有描边效果，将删除所有图形的描边。

选择要进行裁剪的图形，然后单击"路径查找器"面板中的"裁剪"按钮，裁剪操作前后效果如图 6.17 所示。

图6.17 裁剪操作前后效果

练习6-2 使用"分割"命令制作立体五角星

难 度：★★
素材文件：无
案例文件：第6章\制作立体五角星 .ai
效果文件：第6章\练习6-2 使用"分割"命令制作立体五角星 .avi

01 选择工具箱中的"星形工具"，按住Shift键绘制一个五角星，并将"填色"更改为黄色（R：245，G：211，B：58），"描边"为无，如图6.18所示。

图6.18 绘制五角星

提示

绘制五角星的同时按住 Ctrl 键可改变星形的锐度。

02 选择工具箱中的"直线段工具"，在五角星上绘制数条线段，制作出参考线条，如图6.19所示。

图6.19 绘制线段

03 同时选中所有对象，在"路径查找器"面板中单击"分割"按钮，完成之后在五角星上单击鼠标右键，从弹出的快捷菜单中选择"取消分组"命令，这样就可以分别选中五角星中不同部分的图形了，如图6.20所示。

04 选中五角星右上角部分，将其更改为深黄色（R：206，G：160，B：13），如图6.21所示。

图6.20 分割图形　　　　图6.21 更改颜色

05 同时选中其他几个被分割之后的图形，选择工具箱中的"吸管工具"，单击刚才右上方被更改颜色后的图形，这样就完成了立体五角星制作，最终效果如图6.22所示。

图6.22 最终效果

6.1.4 轮廓和减去后方对象

1. 轮廓

"轮廓"命令可以将所有选中图形对象的轮廓线按重叠点裁剪为多个分离的路径，并对这些路径按照原图形填充颜色进行着色，而且不管原始图形的描边粗细为多少，执行"轮廓"命令后描边的粗细都将变为 0。

选择要提取轮廓的图形，然后单击"路径查找器"面板中的"轮廓"按钮 ⬚，提取轮廓操作前后效果如图 6.23 所示。

图6.23 提取轮廓操作前后效果

2. 减去后方对象

"减去后方对象"命令与前面讲解过的"减去顶层"命令的用法相似，只是该命令使用最后面的图形对象修剪前面的图形对象，保留前面没有与后面图形产生重叠的部分。

选择要减去后方对象的图形，然后单击"路径查找器"面板中的"减去后方对象"按钮 ⬛，减去后方对象操作前后效果如图 6.24 所示。

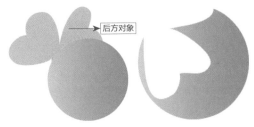

图6.24 减去后方对象操作前后效果

6.2 混合艺术

使用混合工具和混合命令，可以从两个或多个选定图形之间创建一系列的中间对象的形状和颜色。混合可以在开放路径、封闭路径、渐变、图案等之间进行混合。混合主要包括两个方面：形状混合与颜色混合。它将颜色混合与形状混合完美结合起来了。

混合的规则如下。

- 可以在数目不限的图形、颜色、不透明度或渐变之间进行混合；可以在群组或复合路径的图形中进行混合。如果混合的图形使用的是图案填充，则混合时只发生形状的变化，图案填充不会发生变化。
- 混合图形可以像一般的图形那样进行编辑，如缩放、选择、移动、旋转和镜像等，还可以使用直接选择工具修改混合的路径、锚点、图形的填充颜色等，修改任何一个图形对象，将影响其他的混合图形。
- 混合时，填充与填充进行混合，描边与描边进行混合，尽量不要让路径与填充图形进行混合。

- 如果要在使用了混合模式的两个图形之间进行混合，则混合步骤只会使用上方对象的混合模式。

6.2.1 使用混合工具创建混合

练习6-3 使用混合工具创建混合

难　度：★★
素材文件：无
案例文件：无
效果文件：第 6 章 \ 练习 6-3 使用混合工具创建混合 .avi

在工具箱中选择"混合工具"，然后将光标移动到第一个图形对象上，这时光标将变成状，单击鼠标，然后移动光标到另一个图形对象上，再次单击鼠标，即可在这两个图形对象之间建立混合过渡效果，如图6.25所示。

图6.25 混合过渡效果

提示

在利用"混合工具"制作混合过渡时，可以在更多的图形中单击，以建立多图形的混合过渡效果。

6.2.2 使用混合命令创建混合 (重点)

在文档中，使用选择工具选择要进行混合的图形对象，然后执行菜单栏中的"对象"|"混合"|"建立"命令，即可将选择的两个或两个以上的图形对象建立混合过渡效果，如图6.26所示。

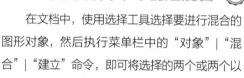

图6.26 混合过渡效果

6.2.3 修改混合图形

混合后的图形对象是一个整体，可以像图形一样进行整体的编辑和修改。可以利用"直接选择工具"修改混合开始和结束的图形大小、位置、缩放和旋转等，还可以修改图形的路径、锚点和填充颜色。当对混合对象进行修改时，混合过渡效果也会跟着变化，这样就大大提高了混合的编辑能力。

提示

混合对象在没有释放之前，只能修改开始和结束的原始混合图形，即用来混合的两个原图形，中间混合出来的图形是不能用"直接选择工具"修改的，但在修改开始和结束位置处的图形时，中间的混合过渡图形将自动跟随变化。

练习6-4 编辑、修改混合对象 (难点)

难 度：	★★
素材文件：	无
案例文件：	无
效果文件：	第6章\练习6-4 编辑、修改混合对象.avi

1. 修改混合图形的形状

在工具箱中选择"直接选择工具"，选择混合图形的一个锚点，然后将其拖动到合适的位置，释放鼠标即可完成图形的修改。修改形状操作效果如图6.27所示。

图6.27 修改形状操作效果

提示

使用同样的方法，可以修改其他锚点或路径的位置。不但可以修改开放的路径，还可以修改封闭的路径。

2. 其他修改混合图形的操作

除了修改图形锚点，还可以修改图形的填充颜色、大小、旋转和位置等，操作方法与基本图形的操作方法相同，不过在这里使用"直接选择工具"来选择。其他的修改效果如图6.28所示。

（a）原始效果

（b）修改颜色

（c）缩放大小

（d）旋转

（e）移动位置

图6.28 不同修改效果

6.2.4 混合选项

混合后的图形，还可以通过"混合选项"设置混合的间距和混合的取向。选择一个混合对象，然后执行菜单栏中的"对象"|"混合"|"混合选项"命令，打开如图6.29所示的"混合选项"对话框，利用该对话框对混合图形进行修改。

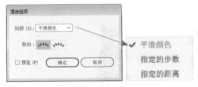

图6.29 "混合选项"对话框

练习6-5 混合选项 重点

难　度：	★
素材文件：	无
案例文件：	无
效果文件：	第6章\练习6-5 混合选项.avi

"混合选项"对话框中各选项的含义说明如下。

1. 间距

"间距"选项用来设置混合过渡的方式。从右侧的下拉列表中可以选择不同的混合方式，包括"平滑颜色""指定的步数"和"指定的距离"3个选项。

- **平滑颜色：**可以在不同颜色填充的图形对象中，自动计算一个合适的混合步数，达到最佳的颜色过渡效果。如果对象包含相同的颜色，或者包含渐变或图案，混合的步数根据两个对象的定界框的边之间的最长距离来设定。平滑颜色效果如图6.30所示。

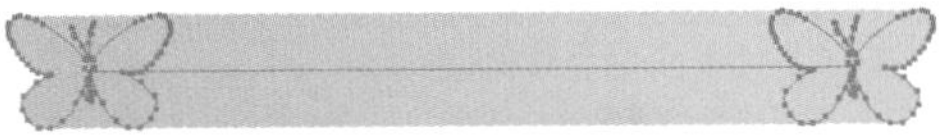

图6.30 平滑颜色效果

- **指定的步数：**指定混合的步数。在右侧的文本框中输入一个数值指定从混合的开始到结束的步数，即混合过渡中产生几个过渡图形。指定步数为3时的过渡效果如图6.31所示。

图6.31 指定步数为3时的过渡效果

- **指定的距离：**指定混合图形之间的距离。在右侧的文本框中输入一个数值指定混合图形之间的间距，这个指定的间距按照一个对象的某个点到另一个对象的相应点来计算。图6.32所示为指定距离为35mm的混合过渡效果。

图6.32 指定距离为35mm的混合过渡效果

2. 取向

取向用来控制混合图形的走向，一般应用在非直线混合效果中，包括"对齐页面"和"对齐路径"两个选项。

- "对齐页面" ├┤┤┤┤: 指定混合过渡图形方向沿页面的X轴方向混合。对齐页面混合过渡效果如图6.33所示。

图6.33 对齐页面混合过渡效果

- "对齐路径" ├┤┤┤┤: 指定混合过渡图形方向沿路径方向混合。对齐路径混合过渡效果如图6.34所示。

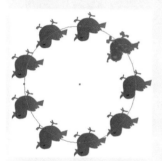

图6.34 对齐路径混合过渡效果

6.2.5 替换混合轴

默认情况下，在两个混合图形之间会创建一个直线路径。当使用"释放"命令将混合释放时，会留下一条混合路径。但不管怎么创建，默认的混合路径都是直线，如果想要制作出不同的混合路径，可以使用"替换混合轴"命令来完成。

练习6-6 更改混合对象的轴

难 度：★
素材文件：无
案例文件：无
效果文件：第6章\练习6-6 更改混合对象的轴 .avi

要应用"替换混合轴"命令，首先要制作一个混合，并绘制一个开放或封闭的路径，然后将混合和路径全部选中，执行菜单栏中的"对象"|"混合"|"替换混合轴"命令，即可替换原混合图形的路径，操作效果如图6.35所示。

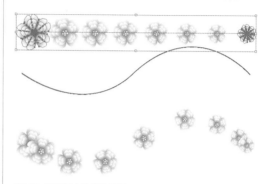

图6.35 替换混合轴操作效果

6.2.6 反向混合轴和反向堆叠

利用"反向混合轴"和"反向堆叠"命令，可以修改混合路径的混合顺序和混合层次，下面来讲解具体的含义和使用方法。

1. 反向混合轴

"反向混合轴"命令可以将混合的图形首尾对调，混合的过渡图形也跟着对调。选择一个混合对象，然后执行菜单栏中的"对象"|"混合"|"反向混合轴"命令，即可将图形的首尾进行对调，对调前后效果如图6.36所示。

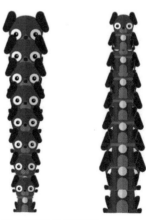

图6.36 反向混合轴前后效果

2. 反向堆叠

"反向堆叠"命令可以修改混合对象的排列顺序，将从前到后调整为从后到前的效果。选择一个混合对象，然后执行菜单栏中的"对象"|"混合"|"反向堆叠"命令，即可将混合对象的排列顺序调整,调整的前后效果如图6.37所示。

图6.37 反向堆叠前后效果

6.2.7 释放和扩展混合对象 重点

混合的图形还可以进行释放和扩展，以恢复混合图形或将混合的图形分解出来，更细致地进行编辑和修改。

1. 释放

"释放"命令可以将混合的图形恢复到原来的状态，只是多出一条混合路径，而且混合路径是无色的，要特别注意。如果对混合的图形不满意，选择混合对象，然后执行菜单栏中的"对象"|"混合"|"释放"命令，即可将混合释放，混合的中间过渡效果将消失，只保留初始混合图形和一条混合路径。释放前后效果如图 6.38 所示。

图6.38 释放前后效果

2. 扩展

"扩展"命令与"释放"命令不同，它不会将混合过渡中间的效果删除，而是将混合后的过渡图形分解出来，使它们变成单独的图形，可以使用相关的工具对中间的图形进行修改。选择混合对象，然后执行菜单栏中的"对象"|"混合"|"扩展"命令，即可扩展混合对象，扩展前后效果如图 6.39 所示。

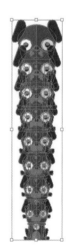

图6.39 扩展前后效果

> **提示**
>
> 扩展后的混合图形是一个组，所以使用选择工具选择时会一起选择，可以执行菜单栏中的"对象"|"取消编组"命令，或按 Shift + Ctrl + G 快捷键，将其取消编组后进行单独的调整。

6.3 封套扭曲

封套扭曲是 Illustrator CC 2018 的一个特色扭曲功能，它除了提供多种默认的扭曲功能外，还可以通过建立网格和使用顶层对象的方式来创建扭曲效果。有了封套扭曲功能，使扭曲变得更加灵活。

6.3.1 用变形建立封套扭曲

"用变形建立"命令是 Illustrator CC 2018 为用户提供的一项预设的变形功能，可以利用这些现有的预设功能并通过相关的参数设置达到变形的目的。执行菜单栏中的"对象"|"封套扭曲"|"用变形建立"命令，即可打开如图 6.40 所示的"变形选项"对话框。

图6.40 "变形选项"对话框

"变形选项"对话框各选项的含义说明如下。

- **样式：** 可以从右侧的下拉列表中，选择一种变形的样式。总共包括15种变形样式，不同的变形效果如图6.41所示。
- **"水平""垂直"和"弯曲"：** 指定在水平还是垂直方向上弯曲图形，并通过修改"弯曲"的值来设置变形的强度大小，值越大图形的弯曲也就越大。
- **"扭曲"：** 设置图形的扭曲程度，可以指定水平或垂直扭曲程度。

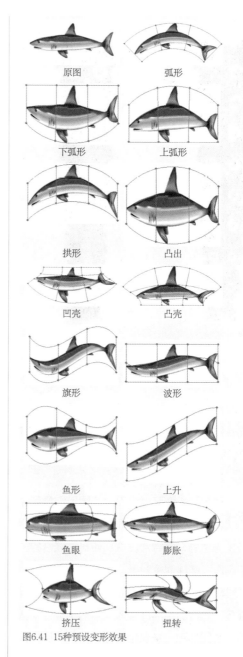

图6.41 15种预设变形效果

122

6.3.2 用网格建立封套扭曲

封套扭曲除了使用预设的变形功能，还可以自定义网格来修改图形。首先选择要变形的对象，然后执行菜单栏中的"对象"|"封套扭曲"|"用网格建立"命令，打开如图6.42所示的"封套网格"对话框，在该对话框中可以设置网格的"行数"和"列数"，以添加变形网格效果。

图6.42 "封套网格"对话框

在"封套网格"对话框中设置合适的行数和列数后，单击"确定"按钮，即可为所选图形对象创建一个网格状的变形封套效果，可以利用"直接选择工具"▷像调整路径那样调整封套网格，可以同时修改一个网格点，也可以选择多个网格点进行修改。

使用"直接选择工具"▷选择要修改的网格点，然后将光标移动到选中的网格点上，当光标变成▸状时，按住鼠标拖动网格点，即可对图形对象进行变形。利用网格变形效果如图6.43所示。

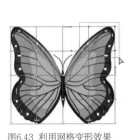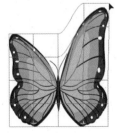

图6.43 利用网格变形效果

6.3.3 用顶层对象建立封套扭曲

使用"用顶层对象建立"命令可以将选择的图形对象，以该对象上方的路径形状为基础进行变形。首先在要扭曲变形的图形对象的上方，绘制一个任意形状的路径作为封套变形的参照物。然后选择要变形的图形对象及路径参照物，执行菜单栏中的"对象"|"封套扭曲"|"用顶层对象建立"命令，即可将选择的图形对象以其上方的形状为基础进行变形。变形效果如图6.44所示。

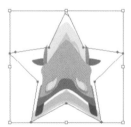

图6.44 "用顶层对象建立"变形效果

技巧

使用"用顶层对象建立"命令创建扭曲变形后，如果对变形的效果不满意，还可以通过执行菜单栏中的"对象"|"封套扭曲"|"释放"命令还原图形。

6.3.4 编辑封套选项

对于封套变形的对象，可以修改封套的变形效果，比如扭曲外观、扭曲线性渐变和扭曲图案填充等。执行菜单栏中的"对象"|"封套扭曲"|"封套选项"命令，可以打开如图6.45所示的"封套选项"对话框，在该对话框中可以对封套进行详细的设置，可以在使用封套变形前修改选项参数，也可以在变形后选择图形来修改变形参数。

图6.45 "封套选项"对话框

"封套选项"对话框各选项的含义说明如下。

- **消除锯齿**：勾选该复选框，在进行封套变形时可以消除锯齿现象，产生平滑的过渡效果。
- **保留形状，使用**：选择"剪切蒙版"单选按钮，可以使用路径的遮罩蒙版形式创建变形，可以保留封套的形状；选择"透明度"单选按钮，可以使用位图式的透明通道来保留封套的形状。

- **保真度**：指定封套变形时的封套内容保真程度，值越大封套的节点越多，保真度也就越高。
- **扭曲外观**：勾选该复选框，将对图形的外观属性进行扭曲变形。
- **扭曲线性渐变填充**：勾选该复选框，在扭曲图形对象时，同时对填充的线性渐变也进行扭曲变形。
- **扭曲图案填充**：勾选该复选框，在扭曲图形对象时，同时对填充的图案进行扭曲变形。

技巧

在使用相关的封套扭曲命令后，在图形对象上将显示出图形的变形线框，如果感觉这些线框影响其他操作，可以执行菜单栏中的"对象"|"封套扭曲"|"扩展"命令，将其扩展为普通的路径效果。如果想返回到变形前的图形，修改原图形，可以执行菜单栏中的"对象"|"封套扭曲"|"编辑内容"命令，对添加封套前的图形进行修改。

6.4 拓展训练

本章通过 3 个拓展训练，让读者对修剪、混合与封套扭曲功能有更加深入的了解，从而熟练掌握这些技能。

训练6-1 利用"分割"命令制作色块背景

◆**实例分析**

本例讲解色块背景的制作方法。使用"直线段工具"将背景分割成不同的方块，然后利用"分割"命令将其分割开来，制作出色块背景，最终效果如图 6.46 所示。

难　　度：★★
素材文件：无
案例文件：第 6 章 \ 制作色块背景 .ai
效果文件：第 6 章 \ 训练 6-1 利用"分割"命令制作色块背景 .avi

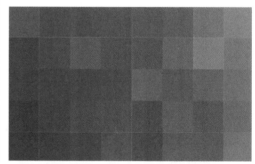

图6.46 最终效果

◆**本例知识点**

1. "直线段工具"
2. "移动"命令
3. "分割"命令

训练6-2 利用"混合"与"封套扭曲"制作科幻线条

◆实例分析

　　本例主要讲解利用"混合"与"封套扭曲"制作科幻线条的方法。最终效果如图6.47所示。

难　　度：★★★
素材文件：无
案例文件：第6章\制作科幻线条.ai
效果文件：第6章\训练6-2 利用"混合"与"封套扭曲"制作科幻线条.avi

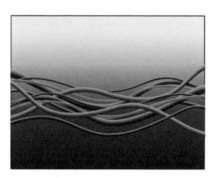

图6.47 最终效果

◆本例知识点

1．"混合"命令
2．"封套扭曲"命令
3．"对称"命令

训练6-3 利用"替换混合轴"制作棒球

◆实例分析

　　本例主要讲解通过"替换混合轴"制作棒球的方法。最终效果如图6.48所示。

难　　度：★★★
素材文件：无
案例文件：第6章\制作棒球.ai
效果文件：第6章\训练6-3 利用"替换混合轴"制作棒球.avi

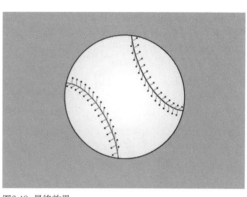

图6.48 最终效果

◆本例知识点

1．"钢笔工具"
2．"替换混合轴"命令
3．"扩展"命令

第 3 篇

精通篇

第 **7** 章

格式化文字处理

Illustrator 最强大的功能之一就是文字处理，虽然在某些方面不如文字处理软件，如 Word、WPS，但是它的文字能与图形自由地结合，十分方便灵活。用户不但可以快捷地更改文本的尺寸、形状以及比例，将文本精确地排入任何形状的对象中，还可以使用 Illustrator 中的文字工具将文本沿路径排列，如沿圆形或不规则的路径排列。通过本章的学习，读者能够掌握创建各种文字的编辑技巧，并应用文字排版、制作艺术字。

教学目标

学习直排和横排文字的创建

学习路径和区域文字的使用

掌握文字的选取和编辑方法

掌握段落化文字的使用

掌握文字的艺术化处理

文字工具是 Illustrator CC 2018 的一大特色，提供了多种类型的文字工具，包括"文字工具" **T**、"区域文字工具" **T**、"路径文字工具" **✓**、"直排文字工具" **↓T**、"直排区域文字工具" **T**、"直排路径文字工具" **✓** 和"修饰文字工具" **T** 7 种文字工具，利用这些文字工具可以自由创建和编辑文字。文字工具栏如图 7.1 所示。

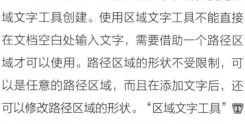

图7.1 文字工具栏

7.1.1 文字的创建 （重点）

"文字工具" **T** 和"直排文字工具" **↓T** 两种工具的使用是相同的，只不过创建的文字方向不同。"文字工具" **T** 创建的文字方向是水平的；"直排文字工具" **↓T** 创建的文字方向是竖直的。利用这两种工具创建文字可分为两种，一种是点文字，一种是段落文字。

1. 创建点文字

在工具箱中选择"文字工具" **T**，在文档中单击直接输入文字即可。"直排文字工具" **↓T** 的使用与"文字工具"相同，这两种文字工具一般适用于少量文字输入。两种文字工具创建的文字效果如图 7.2 所示。

图7.2 "文字工具"与"直排文字工具"创建的文字效果

2. 创建段落文字

使用"文字工具" **T** 和"直排文字工具" **↓T**

还可以创建段落文字，适合创建大量的文字信息。选择这两种文字工具的任意一种，在文档中合适的位置按下鼠标，在不释放鼠标的情况下拖动出一个矩形文字框，如图 7.3 所示，然后输入文字即可创建段落文字。在文字框中输入文字时，文字会根据拖动的矩形文字框大小进行自动换行，而且改变文字框的大小时，文字会随文字框一起改变。创建的横排与直排段落文字效果，分别如图 7.4、图 7.5 所示。

图7.3 拖动矩形框　　图7.4 横排段落文字　　图7.5 直排段落文字

7.1.2 创建区域文字 （重点）

区域文字是一种特殊的文字，需要使用区域文字工具创建。使用区域文字工具不能直接在文档空白处输入文字，需要借助一个路径区域才可以使用。路径区域的形状不受限制，可以是任意的路径区域，而且在添加文字后，还可以修改路径区域的形状。"区域文字工具" **T** 和"直排区域文字工具" **T** 在用法上是相同的，只是输入的文字方向不同，这里以"区域文字工具" **T** 为例进行讲解。

要使用区域文字工具，首先绘制一个路径区域，然后选择工具箱中的"区域文字工具"

，将光标移动到要输入文字的路径区域的路径上，然后在路径处单击，直接输入文字即可。如果输入的文字超出了路径区域的大小，在区域文字的末尾处，将显示一个红色"田"字形标志。区域文字的输入操作如图 7.6 所示。

图7.6 区域文字的输入操作

7.2 文字的编辑

前面讲解了各种文字的创建方法，接下来讲解文字的相关编辑方法，比如文字的选取、变换、区域文字修改等。

7.2.1 选择文字 重点

要想编辑文字，首先要选择文字。当创建了文字对象后，可以任意选择一种文字工具去选择文字。选择文字有多种方法，下面来详细讲解。

1. 拖动法选择文字

任意选择一个文字工具，将光标移动到要选择文字的前面，光标将呈现"Ⅰ"状，按住鼠标拖动，可以看到拖动经过的文字呈现反白颜色效果，达到满意的选择范围后，释放鼠标即可选择文字。选择文字操作效果如图 7.7 所示。

> **提示**
> 由于拖动法的灵活性，所以它是选择文字时最常用的一种方法。

图7.7 选择文字操作效果

2. 其他选择方法

除了使用拖动法选择文字外，还可以使用文字工具在文字上双击，可以选择以标点符号为分隔点的一句话，选择效果如图 7.8 所示。三击可以选择一个段落，选择效果如图 7.9 所示。如果要选择全部文字，则先任意选择一个文字工具，在文字中单击确定光标，然后执行菜单栏中的"选择"|"全部"命令，或按 Ctrl + A快捷键即可。

图7.8 双击选择 　　　　　图7.9 三击选择

7.2.2 区域文字的编辑

对于区域文字，不但可以选择单个的文字进行修改，也可以直接选择整个区域文字进行修改，还可以修改区域的形状。

区域文字可以看成是一个整体，像图形一

样进行随意变换、排列等基本的编辑操作。也可以在选中区域文字状态下，拖动文字框上的 8 个控制点，修改区域文字框的大小。还可以使用菜单栏的"对象"菜单中的"变换"和"排列"子菜单中的命令，对区域文字进行变换。如果要修改区域文字的文字框的形状，可以使用"直接选择工具" ▷ 来完成，它不但可以修改文字框的形状，还可以为文字框进行填充和描边。

1. 修改文字框外形

使用"直接选择工具" ▷ 在文字框边缘位置单击，可以激活文字框，再利用"锚点工具" ▷ 选中五角星上方的锚点，然后按下鼠标并拖动，即可修改文字框的外形。修改文字框操作效果如图 7.10 所示。

图7.10 修改文字框操作效果

2. 为文字框进行填充和描边

使用"直接选择工具" ▷ 在文字框的边缘位置单击，可以激活文字框，激活状态下某些锚点呈现空白的方块状显示，然后设置填充和描边即可。填充和描边后的效果如图 7.11 所示。

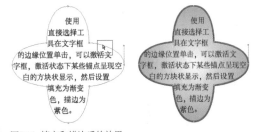

图7.11 填充和描边后的效果

7.3 路径文字工具

在实际的应用中，通常能使用较多的路径文字，接下来讲解路径文字的相关编辑和修改的方法。

7.3.1 在路径上输入文字

路径文字顾名思义需要创建一个路径才可以使用，路径的形状不受限制，可以是任意的路径，而且在添加文字后，还可以修改路径的形状。"路径文字工具" ∿ 和"直排路径文字工具" ∿ 在用法上是相同的，只是输入的文字方向不同，这里以"路径文字工具"为例进行讲解。

练习7-1 在路径上输入文字 （难点）

难　　度：★
素材文件：无
案例文件：无
视频文件：第 7 章 \ 练习 7-1 在路径上输入文字 .avi

要使用路径文字工具，首先绘制一个路径，然后选择工具箱中的"路径文字工具" ∿，将光标移动到要输入文字的路径上，然后在路径处单击，直接输入文字即可，其效果如图 7.12 所示。

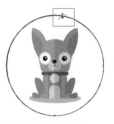

图7.12 路径文字效果

7.3.2 沿路径移动和翻转文字

输入路径文字后，选择路径文字，可以看到在路径文字上出现 3 个用来移动文字位置的标记，分别为起点、终点和中心标记，如图 7.13 所示。起点标记用来修改路径文字的文字起点；终点标记用来修改路径文字的文字终点；中心标记不但可以修改路径文字的文字起点和终点位置，还可以改变路径文字的文字排列方向。

图7.13 文字移动标记

练习7-2 沿路径移动和翻转文字 难点

难 度：	★★
素材文件：无	
案例文件：无	
视频文件：第 7 章 \ 练习 7-2 沿路径移动和翻转文字 .avi	

1. 沿路径移动文字

要修改路径文字的位置，首先在工具箱中选取"选择工具" ▶ 或"直接选择工具" ▷，然后在路径文字上单击选择路径文字，接着将光标移动到路径文字的起点标记或终点标记位置，此时光标将变成 ▶ 或 ▶ 状；也可以将光标移动到中心标记位置，光标将变成 ▶ 状，按住鼠标拖动，可以看到文字沿路径移动的效果，移动到满意

的位置后释放鼠标，即可修改路径文字的位置。修改路径文字位置操作效果如图 7.14 所示。

图7.14 修改路径文字位置操作效果

2. 沿路径翻转文字

要修改路径文字的方向，首先在工具箱中选取"选择工具" ▶ 或"直接选择工具" ▷，然后在路径文字上单击选择路径文字，接着将光标移动到中心标记位置，光标将变成 ▶ 状，按住鼠标向路径另一侧拖动，可以看到文字反转到路径的另外一个方向了，此时释放鼠标，即可修改文字的方向。修改文字方向操作效果如图 7.15 所示。

图7.15 修改文字方向操作效果

7.3.3 路径文字选项

路径文字除了上面显示的沿路径排列方式外，Illustrator CC 2018 还提供了几种其他的排列方式。执行菜单栏中的"文字"|"路径文字"|"路径文字选项"命令，打开如图 7.16 所示的"路径文字选项"对话框，利用该对话框可以对路径文字进行更详细的设置。

练习7-3 修改文字路径 重点

难 度：	★
素材文件：无	
案例文件：无	
视频文件：第 7 章 \ 练习 7-3 修改文字路径 .avi	

图7.16 "路径文字选项"对话框

"路径文字选项"对话框中各选项的含义说明如下。

- **效果**：设置文字沿路径排列的效果，包括彩虹效果、倾斜、3D带状效果、阶梯效果和重力效果5种，这5种排列效果如图7.17所示。

（a）彩虹效果

（b）倾斜

（c）3D带状效果

（d）阶梯效果

（e）重力效果

图7.17 5种不同的排列效果

- **对齐路径**：设置路径与文字的对齐方式，包括字母上缘、字母下缘、居中和基线4种方式。4种不同的对齐效果如图7.18所示。

（a）字母上缘

（b）字母下缘

（c）居中

（d）基线

图7.18 4种不同的对齐效果

- **间距**：设置路径文字的文字间距。值越大，文字间离得也就越近。
- **翻转**：勾选该复选框，可以改变文字的排列方向，即沿路径反转文字。

练习7-4 利用路径文字制作标志

难　　度：	★ ★
素材文件：	无
案例文件：	第 7 章 \ 制作标志 .ai
视频文件：	第 7 章 \ 练习 7-4 利用路径文字制作标志 .avi

01 选择工具箱中的"椭圆工具"　，将"填色"更改为无，"描边"为绿色（R：61，G：114，B：10），"描边粗细"为6，按住Shift键绘制一个正圆图形，如图7.19所示。

图7.19 绘制正圆图形

02 选中正圆图形，按Ctrl+C快捷键将其复制，再按Ctrl+F快捷键将其粘贴，按Shift+X快捷键替换前景色和背景色后再等比缩小，如图7.20所示。

03 再按Ctrl+F快捷键粘贴图形，将粘贴的图形的"描边粗细"更改为1，然后将其等比缩小，如图7.21所示。

图7.20 复制并缩小图形

图7.21 粘贴并修改图形

04 选择工具箱中的"路径文字工具"　，在中间正圆上单击输入文字（汉仪书魂体简），如图7.22所示。

05 选择工具箱中的"星形工具" ☆ ，在正圆下方绘制一个星形，如图7.23所示。

图7.22 输入文字　　　　　图7.23 绘制星形

06 选中星形，按住Alt键向左上角拖动，将图形复制，完成之后再将其适当旋转，如图7.24所示。

图7.24 复制图形

07 选中星形，按住Alt+Shift快捷键向右侧拖动，将图形复制，如图7.25所示。

图7.25 复制图形

08 选择工具箱中的"钢笔工具" ✒️ ，绘制半个水滴图形，如图7.26所示。

09 选中上一步绘制的图形，按Ctrl+C快捷键将其复制，再按Ctrl+F快捷键将其粘贴。双击工具箱中的"镜像工具" ▷◁ ，在弹出的对话框中选择"垂直"单选按钮，完成之后单击"确定"按钮，然后将图形向右侧平移，如图7.27所示。

图7.26 绘制图形　　　　　图7.27 镜像图形

10 同时选中左右半个水滴图形，在"路径查找器"面板中，单击"合并"按钮 ▣ ，将图形合并。

11 同时选中水滴图形及其下方圆形，在"路径查找器"面板中，单击"减去顶层"按钮 ▣ ，这样就完成了标志制作，最终效果如图7.28所示。

图7.28 最终效果

7.4 格式化文字

　　格式化文字就是对文本进行编辑，如调整文字的字体、样式、大小、行距、字距，插入空格和偏移基线等。可以在输入新文本之前设置文字属性，也可以选中现有文本来重新设置文字属性。

7.4.1 "字符"面板

设置文字属性可以使用"字体"菜单，也可以选择文字后在控制栏中进行设置，不过一般常用"字符"面板。

执行菜单栏中的"窗口"|"文字"|"字符"命令，打开如图 7.29 所示的"字符"面板。如果打开的"字符"面板与图中显示的不同，可以在"字符"面板菜单中选择"显示选项"命令，将"字符"面板其他的选项显示出来。

图7.29 "字符"面板

7.4.2 设置字体和样式 （重点）

通过"设置字体系列"下拉列表，可以为文字设置不同的字体，一般比较常用的字体有宋体、仿宋、黑体等。

要设置文字的字体，首先选择要修改字体的文字，然后在"字符"面板的"设置字体系列"下拉列表中，选择一种合适的字体即可。修改字体效果如图 7.30 所示。

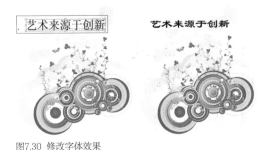

图7.30 修改字体效果

除了修改字体外，还可以在同种字体之间选择不同的字体样式，如 Regular（常规）、Italic（倾斜）或 Bold（加粗）等。可以在"字符"面板的"设置字体样式"下拉列表中选择字体样式。当某种字体没有其他样式时，该下拉列表中的选项为"–"。

7.4.3 设置文字大小 （重点）

通过"字符"面板中的"设置字体大小" 文本框，可以设置文字的大小，默认的文字大小为12pt。可以从下拉列表中选择常用的字符尺寸，也可以直接在文本框中输入所需要的字符尺寸大小。不同字体大小的效果如图 7.31 所示。

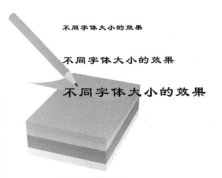

图7.31 不同字体大小的效果

7.4.4 设置行距 （重点）

行距就是相邻两行基线之间的垂直纵向间距。可以在"字符"面板的"设置行距"文本框中设置行距。

选择一段要设置行距的文字，然后在"字符"面板的"设置行距"下拉列表中，选择一个行距值，也可以在文本框中输入新的行距数值，以修改行距。将原行距为 24pt 修改为 36pt 的效果如图 7.32 所示。

图7.32 修改行距效果

7.4.5 缩放文字

除了拖动文字框改变文字的大小外，还可以使用"字符"面板中的"水平缩放"⟁和"垂直缩放"⟁，来调整文字的缩放效果，可以从下拉列表中选择一个缩放的百分比数值，也可以直接在文本框中输入新的缩放数值。文字不同的缩放效果如图 7.33 所示。

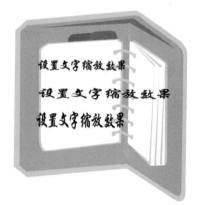

图7.33 文字不同的缩放效果

7.4.6 字距微调和字距调整

字距微调和字距调整都可以调整文字间距，不过在用法上却有很大区别，下面分别来讲解。

1. 字距微调

"字距微调"⟁用来设置两个字符之间的距离，与"字距调整"⟁的调整相似，但不能直接调整选择的所有文字的间距，而只能将光标定位在某两个字符之间，调整这两个字符之间的间距。可以从下拉列表中选择相关的参数，也可以直接在文本框中输入一个数值。当输入的值大于零时，字符的间距变大；当输入的值小于零时，字符的间距变小。字距微调的效果如图 7.34 所示。

图7.34 字距微调的效果

2. 字距调整

在"字符"面板中，通过"字距调整"⟁可以设置选定字符的间距，与"字距微调"⟁相似，只是这里不是定位光标位置，而是选择文字。选择文字后，在"字距微调"⟁下拉列表中选择数值，或直接在文本框中输入数值，即可修改选定文字的字符间距。如果输入的值大于零，则字符间距增大；如果输入的值小于零，则字符间距减小。不同字符间距的效果如图 7.35所示。

图7.35 不同字符间距的效果

7.4.7 基线偏移 重点

通过"字符"面板中的"设置基线偏移"选项，可以调整文字的基线偏移量，一般利用该功能来编辑数学公式和分子式等表达式。默认的文字基线位于文字的底部位置，通过调整文字的基线偏移，可以将文字向上或向下调整位置。

首先选择要调整的文字，然后在"设置基线偏移"下拉列表中选择选项，或在文本框中输入新的数值，即可调整文字的基线偏移大小。默认的基线偏移值为 0，当输入的值大于 0 时，文字向上移动；当输入的值小于 0 时，文字向下移动。设置文字基线偏移的效果如图 7.36 所示。

图7.36 设置文字基线偏移的效果

7.4.8 旋转文字 重点

通过"字符"面板中的"字符旋转"选项，可以将选中的文字按照各自文字的中心点进行

旋转。首先选择要旋转的字符，然后从"字符旋转"下拉列表中选择一个角度，如果这些不能满足旋转需要，用户可以在文本框中输入一个需要的旋转角度数值。如果输入的数值为正值，文字将按逆时针旋转；如果输入的数值为负值，文字将按顺时针旋转。图 7.37 所示是将所选文字逆时针旋转 90°的效果。

图7.37 旋转文字的效果

7.4.9 添加下划线和删除线 重点

通过"字符"面板中的"下划线"按钮和"删除线"按钮，可以为选择的字符添加下划线或删除线。操作方法非常简单，选择要添加下划线或删除线的文字，然后单击"下划线"按钮或"删除线"按钮，即可为文字添加下划线或删除线。添加下划线和删除线的文字效果如图 7.38 所示。

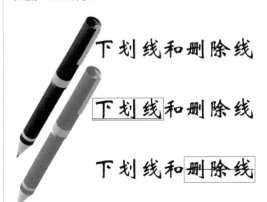

图7.38 添加下划线和删除线的文字效果

7.5 格式化段落

前面主要是介绍格式化字符操作，但如果使用较多的文字进行排版、宣传品制作等操作时，格式化字符中的选项就显得有些无力了，这时就要应用 Illustrator CC 2018 提供的"段落"面板。"段落"面板中包括大量的功能，可以用来设置段落的对齐方式、缩进、段前和段后间距以及使用连字符等。

7.5.1 "段落"面板

应用"段落"面板中的各选项，不管选择的是整个段落或只选取该段中的任一字符，又或在段落中放置插入点，修改的都是整个段落的效果。执行菜单栏中的"窗口"|"文字"|"段落"命令，可以打开如图 7.39 所示的"段落"面板。与"字符"面板一样，如果打开的"段落"面板与图中显示的不同，可以在"段落"面板菜单中选择"显示选项"命令，将"段落"面板其他的选项显示出来。

图7.39 "段落"面板

7.5.2 对齐文本 （重点）

"段落"面板中的对齐主要控制段落中各行文字的对齐情况，包括"左对齐"▤、"居中对齐"▤、"右对齐"▤、"两端对齐 末行左对齐"▤、"两端对齐 末行居中对齐"▤、"两端对齐 末行右对齐"▤和"全部两端对齐"▤ 7 种对齐方式。在这 7 种对齐方式中，左、右和居中对齐比较容易理解，两端对齐且末行左、右和居中对齐是将段落文字除最后一行外的文

字两端对齐，最后一行按左、右或居中对齐。全部两端对齐是将所有文字两端对齐，如果最后一行的文字过少而不能达到对齐时，可以适当地将文字的间距拉大，以匹配两端对齐。7 种对齐方法的不同显示效果如图 7.40 所示。

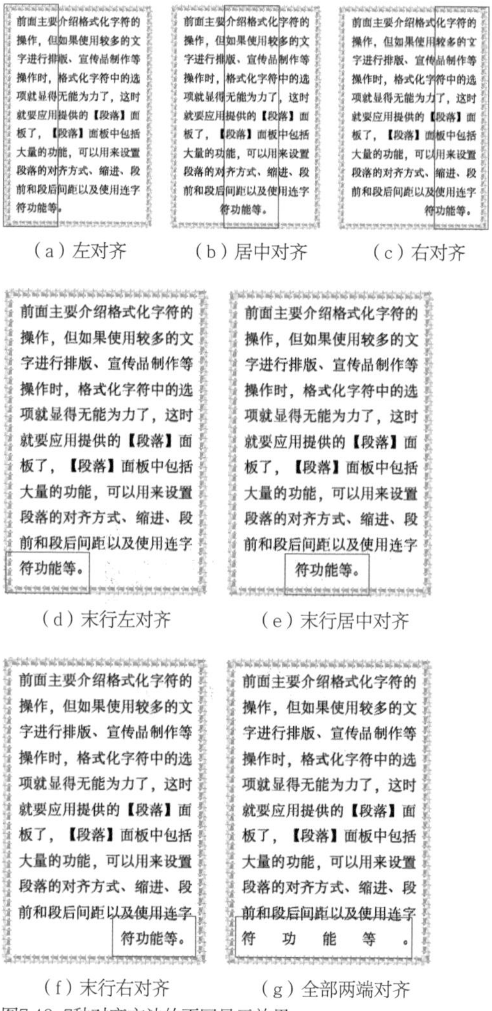

（a）左对齐　　（b）居中对齐　　（c）右对齐

（d）末行左对齐　　　　（e）末行居中对齐

（f）末行右对齐　　　　（g）全部两端对齐

图7.40 7种对齐方法的不同显示效果

7.5.3 缩进文本

缩进文本包括左、右缩进和首行缩进，特别是首行缩进是应用非常多的，下面来详细讲解这些应用。

1. 设置左、右缩进

缩进是指文本行两端与文本框之间的间距。可以从文本框的左边或右边缩进，也可以设置段落的首行缩进。可以利用"左缩进" 和"右缩进" 来制作段落的缩进。原图和左、右缩进的效果如图 7.41 所示。

（a）原始效果　　（b）左缩进　　（c）右缩进
图7.41　左、右缩进的效果

2. 设置首行缩进

首行缩进就是为第一段的第一行文字设置缩进，缩进只影响选中的段落，因此可以给不同的段落设置不同的缩进效果。选择要设置首行缩进的段落，在"首行左缩进" 文本框中输入缩进的数值，即可完成首行缩进。首行缩进操作效果如图 7.42 所示。

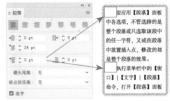

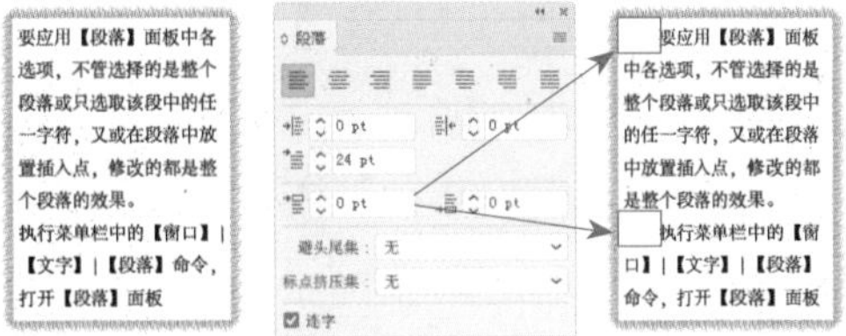

图7.42　首行缩进操作效果

7.5.4 调整段落间距

段落间距用来设置段落与段落之间的间距，包括"段前间距" 和"段后间距" 。"段前间距"主要用来设置当前段落与上一段之间的间距；"段后间距"用来设置当前段落与下一段之间的间距。设置的方法很简单，只需要选择一个段落，然后在相应的文本框中输入数值即可。段前和段后间距设置的不同效果如图 7.43 所示。

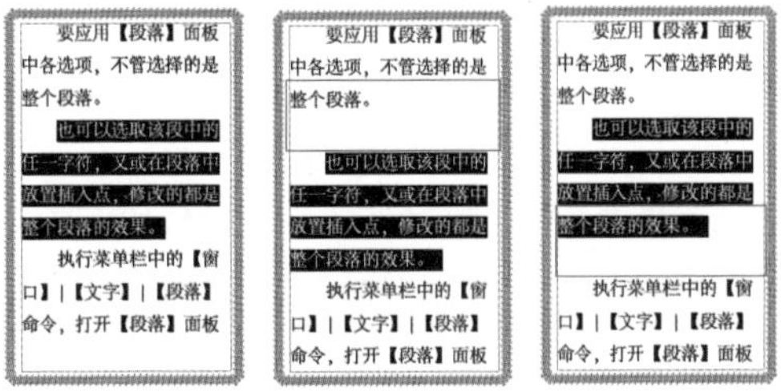

（a）选择文字　（b）设置段前间距　（c）设置段后间距
图7.43　段前和段后间距设置的不同效果

7.6 拓展训练

本章通过 3 个拓展训练，将文字的多种应用以实例的形式表现出来，让读者对文字在设计中的应用技巧有更深入的了解。

训练7-1 利用"路径文字工具"制作文字放射效果

◆ 实例分析

本例主要讲解利用"路径文字工具"制作文字放射效果的方法，最终效果如图 7.44 所示。

难　　度：★★★
素材文件: 无
案例文件: 第 7 章 \ 制作文字放射效果 .ai
视频文件: 第 7 章 \ 训练 7-1 利用"路径文字工具"制作文字放射效果 .avi

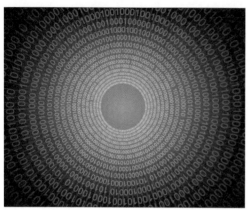

图7.44 最终效果

◆本例知识点

1. "联集"命令
2. "路径文字工具"✎
3. "分别变换"命令

训练7-2 利用"分割"制作彩虹光圈文字

◆实例分析

本例主要讲解利用"分割"制作彩虹光圈文字。首先输入文字并绘制线段,将直线段与文字进行分割,再对文字进行渐变填充,制作出漂亮的彩虹光圈文字效果,如图 7.45 所示。

难　度:★★★
素材文件: 无
案例文件: 第 7 章 \ 彩虹光圈文字 .ai
视频文件: 第 7 章 \ 训练 7-2 利用"分割"制作彩虹光圈文字 .avi

图7.45 最终效果

◆本例知识点

1. "创建轮廓"命令
2. "分割"命令
3. "渐变"面板

训练7-3 利用"路径文字工具"制作数字影像

◆实例分析

本例主要讲解利用"路径文字工具"制作数字影像。首先沿着路径输入数字"0",然后对其制作混合效果,再对图像添加相应的滤镜,制作出独特风格的视觉影像效果,如图 7.46 所示。

难　度:★★★
素材文件: 无
案例文件: 第 7 章 \ 数字影像 .ai
视频文件: 第 7 章 \ 训练 7-3 利用"路径文字工具"制作数字影像 .avi

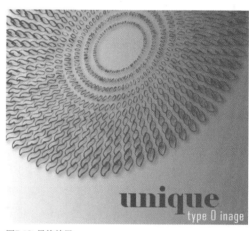

图7.46 最终效果

◆本例知识点

1. "路径文字工具"✎
2. "混合"命令
3. "扭转"命令

第 **8** 章

图层与剪切蒙版

本章从图层的基础知识入手，由浅入深地介绍了图层的创建方法，图层的锁定、解锁与删除，图层顺序的调整，复制、拼合图层的方法，图层对象的移动，图层的选择及蒙版的建立，力求使读者在学习完本章后，能够掌握图层的基础知识及操作技能。

教学目标

学习"图层"面板的使用
学习图层的删除、复制的操作
掌握调整图层顺序的方法
掌握建立剪切蒙版的方法

8.1 认识"图层"面板

执行菜单栏中的"窗口"|"图层"命令，打开如图 8.1 所示的"图层"面板。在默认情况下，"图层"面板中只有一个"图层 1"图层，可以通过"图层"面板下方的相关按钮和"图层"面板菜单中的相关命令，对图层进行编辑。在同一个图层内的对象不但可以进行对齐、组合和排列等处理，还可以进行创建、删除、隐藏、锁定、合并图层等操作。

图8.1 "图层"面板

"图层"面板中各选项的含义说明如下。

- "切换可视性" 👁：控制图层的可见性。单击眼睛图标 👁，眼睛图标 👁 将消失，表示图层隐藏；再次单击该区域，眼睛图标 👁 显示，表示图层可见。如果按住Ctrl键单击该区域，可以将该层图形的视图在轮廓和预览间进行切换。

- "切换锁定"区域：控制图层的锁定。单击该空白区域，将出现一个锁形图标 🔒，表示锁定了该层图形；再次单击该区域，锁形图标消失，表示解除该层的锁定。

- "图层数量"区域：显示当前"图层"面板中的图层数量。

- "收集以导出" ↗：单击该按钮，将打开"资源导出"面板，可以将选择的图形收集到该面板中，并通过"导出"按钮将其导出。

- "定位对象" 🔍：选择某个图形后，单击该按钮，可以快速定位到该图形所在子图层。

- "建立/释放剪切蒙版" ▣：用来创建和释放图层的剪切蒙版。

- "创建新子图层" ⤵：单击该按钮，可以为选择的图层创建子图层。

- "创建新图层" ▣：单击该按钮，可以创建新的图层。

- "删除所选图层" 🗑：单击该按钮，可以将选择的图层删除。

8.2 图层的创建与编辑

为了方便复杂图形的操作，可以使用图层功能，图层能快速让复杂的图形操作变得轻松无比。

8.2.1 图层的创建

在 Illustrator CC 2018 中，图层可分为两种：父层与子层。所谓父层，就是平常所见的普通的图层；所谓子层，就是父层下面包含的图层。如果有不需要的图层，还可以应用相关的命令将其删除。

练习8-1 创建新图层

难　度：★
素材文件：无
案例文件：无
视频文件：第 8 章 \ 练习 8-1 创建新图层 .avi

1. 创建图层

在"图层"面板中，单击面板底部的"创建新图层"按钮🔲，或者从"图层"面板菜单中选择"新建图层"命令，即可在当前图层的上方创建一个新的图层。在创建图层时，系统会根据创建图层的顺序，自动将图层命名为"图层1""图层2"等。图层的数量不受限制。创建新图层的操作效果如图8.2所示。

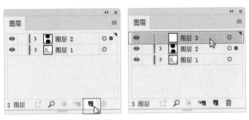

图8.2 创建新图层的操作效果

2. 新建子图层

首先在当前的"图层"面板中选择一个图层，以作为父层，然后单击"图层"面板底部的"创建新子图层"按钮🔲，或者从"图层"面板菜单中选择"新建子图层"命令，即可为当前图层创建一个子图层。新建子图层的操作效果如图8.3所示。

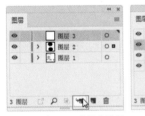

图8.3 新建子图层的操作效果

8.2.2 图层的锁定 （重点）

在编辑图形对象的过程中，利用图层的锁定可以大大提高工作效率，比起前面的锁定和隐藏对象使用起来更加方便。锁定图层可以将该层上的所有对象全部锁定，该层上的所有对象将不能进行选择和编辑，但可以打印。

如果要锁定某个图层，首先将光标移动到该图层左侧的"切换锁定"区域，此时光标将变成手形标志，并弹出一个提示信息，单击该区域，可以看到出现一个锁形图标🔒，表示该层被锁定。锁定图层的操作效果如图8.4所示。

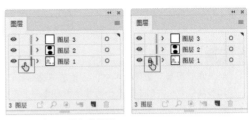

图8.4 锁定图层的操作效果

如果要解除图层的锁定，可以单击该图层左侧的锁形图标🔒，锁形图标消失，表示该图层解除了锁定。如果要解除所有图层的锁定，可以在"图层"面板菜单中，选择"解锁所有图层"命令。

> **技巧**
>
> 如果想一次锁定或解锁相邻的多个图层，按住鼠标在"切换锁定"区域上下拖动即可。

8.2.3 移动图层对象

利用"图层"面板可以将一个整体对象的不同部分分置在不同图层上，以方便复杂图形的管理。由于图形位于不同的图层上，有时需要在不同图层间移动对象，下面来讲解两种不同图层间移动对象的方法，一种是命令法，另一种是拖动法。

练习8-2 移动图层对象

难　度：★
素材文件：无
案例文件：无
视频文件：第8章\练习8-2 移动图层对象.avi

● **方法1**：命令法。在文档中选择要移动的图形对象，执行菜单栏中的"编辑"|"剪切"命令，然后选择一个目标图层，执行菜单栏中的"编辑"|"粘贴"命令，即可将图形对象移动到目标图层中。使用"粘贴"命令会将图形对象粘

贴到目标图层的最前面，这样有时会打乱原图形的整体效果，这时可以应用"贴在前面"或"贴在后面"命令。"贴在前面"表示将图形粘贴到原图形的前面；"贴在后面"表示将图形粘贴到原图形的后面。

层删除。要删除图层可以通过两种方法来完成，具体介绍如下。

提示

如果在"图层"面板菜单中，选择了"粘贴时记住图层"命令，则不管选择的目标图层为哪个层，都将粘贴到它原来所在的图层上。

技巧

剪切的快捷键为 Ctrl + X；粘贴的快捷键为 Ctrl + V；贴在前面的快捷键为 Ctrl + F；贴在后面的快捷键为 Ctrl + B。

- **方法2**：拖动法。首先选择要移动的图形对象，可以在当前图形所在层的右侧看到一个蓝色的方块，将光标移动到该蓝色方块上，然后按住鼠标拖动蓝色方块到目标图层上，当看到一个红色方块时释放鼠标，即可将选择的图形对象移动到目标图层上。拖动法移动图形的操作效果如图8.5所示。

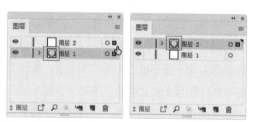

图8.5 拖动法移动图形的操作效果

提示

这里操作时显示的蓝色或红色方块和当前图层颜色有关系，不同的图层显示的颜色会有不同，操作时只需要注意方块即可。

技巧

如果要选择某层上的所有对象，可以按住 Alt 键的同时单击该图层。

8.2.4 删除图层

删除图层主要是将不需要的或误创建的图

- **方法1**：直接删除法。在"图层"面板中选择（在选择图层时，可以按住Shift键或Ctrl键来选择更多的图层）要删除的图层，然后单击"图层"面板底部的"删除所选图层"按钮💼，即可将选择的图层删除。如果该图层上有图形对象，将弹出一个询问对话框，直接单击"是"按钮即可，删除图层时该图层上的所有图形对象也将被删除。直接删除图层的操作效果如图8.6所示。

图8.6 直接删除图层的操作效果

- **方法2**：拖动法。在"图层"面板中选择要删除的图层，然后将其拖动到"图层"面板底部的"删除所选图层"按钮💼上释放鼠标，即可将选择的图层删除。删除图层时该图层上的所有图形对象也将被删除。拖动法删除图层的操作效果如图8.7所示。

图8.7 拖动法删除图层的操作效果

8.2.5 调整图层顺序

在前面的章节中，曾经讲解过图形层次顺序的调整方法，但那些调整方法的前提是在同一个图层中，如果在不同的图层中，利用"对象"|"排列"子菜单中的命令就无能为力了。对于不同图层之间的排列顺序，可以通过图层的调整来改变。

练习8-3 调整图层顺序

难　　度: ★
素材文件: 无
案例文件: 无
视频文件: 第 8 章 \ 练习 8-3 调整图层顺序 .avi

在"图层"面板中，向上或向下拖动某个图层，当拖动到合适的位置时，会在当前位置显示一条蓝色的线条，释放鼠标即可修改图层的顺序。调整图层顺序的操作效果如图 8.8 所示。

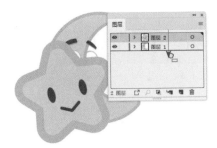

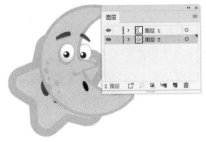

图8.8 调整图层顺序的操作效果

8.2.6 复制、合并与拼合图层

设计处理图形时，不但可以在文档中复制图形对象，还可以通过图层来复制图形。拼合图层主要是将多个图形对象进行拼合，以将选中图层中的内容合并到一个现有的图层中，合并图层可以减小图层的复杂度，方便图层的操作。

1. 复制图层

复制图层可以通过两种方法来实现，一种是菜单命令法，一种是拖动复制法。复制图层不但将图形对象全部复制，还将图层的所有属性与图形的所有属性全部复制一个副本。

- **方法1:** 菜单命令法。在"图层"面板中，选择要复制的单个图层，如选择图层2，然后执行"图层"面板菜单中的"复制'图层2'"命令，即可将当前图层复制一个副本。如果选择的是多个图层，则"图层"面板菜单中的复制命令将变成"复制所选图层"命令。
- **方法2:** 拖动复制法。在"图层"面板中，选择要复制的图层，然后在选择的图层上按住鼠标，将其拖动到"图层"面板底部的"创建新图层"按钮 上，释放鼠标即可复制一个图层副本。拖动复制图层的操作效果如图8.9所示。

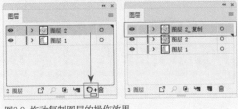

图8.9 拖动复制图层的操作效果

2. 合并所选图层

合并所选图层可以将选择的多个图层合并成一个图层。在合并图层时，所有选中的图层中的图形都将合并到一个图层中，并保留原来图形的堆放顺序。

在"图层"面板中，选择要合并的多个图层，然后从"图层"面板菜单中，选择"合并所选图层"命令，即可将选择的图层合并为一个图层。合并图层的操作效果如图8.10所示。

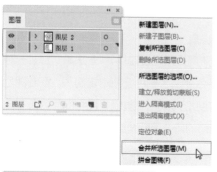

图8.10 合并图层的操作效果

3. 拼合图稿

拼合图稿是将所有可见的图层合并到选中

的图层中。如果选择的图层中有隐藏的图层，系统将弹出一个询问对话框，询问是否删除隐藏的图层，如果单击"是"按钮，将删除隐藏的图层，并将其他图层合并；如果单击"否"按钮，将隐藏图层和其他图层同时合并成一个图层，并将隐藏的图层对象显示出来。拼合图稿操作效果如图8.11所示。

图8.11 拼合图稿操作效果

图层的选择与显示

下面来讲解图层的选择及图层中对象的选择方法，以及隐藏/显示图层，图层剪切蒙版的创建方法。

8.3.1 选择图层及图层中的对象

要想使用某个图层，首先要选择该图层，同时，还可以利用"图层"面板来选择文档中的相关图形对象。

1. 选取图层

在 Illustrator CC 2018 中，选取图层的操作方法非常简单，直接在要选择的图层名称处

单击，即可将其选取。选取的图层将显示为蓝色，并在该层名称的右上角显示一个三角形标记。按住 Shift 键单击图层的名称，可以选取邻近的多个图层。按住 Ctrl 键单击图层的名称，可以选中或取消选取任意的图层。选取图层效果如图 8.12 所示。

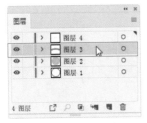

图8.12 选取图层效果

2. 选取图层中的对象

　　选择图层与选取图层内的图形对象是不同的，如果某图层在文档中有图形对象被选中，在该图层名称的右侧会显示出一个彩色的方块，表示该层有对象被选中。

　　除了使用选择工具在文档中直接单击来选择图形外，还可以使用"图层"面板中的图层来选择图形对象，非常方便选择复杂的图形对象。而且不管图层是父层还是子图层，只要当前层中有一个对象被选中，在该层的父层中都将显示一个彩色的方块。

　　要选择某个图层上的所有对象，可以在按住 Alt 键的同时单击该层，此时在"图层"面板中该层的右侧出现一个彩色的方块。利用图层选择对象的操作效果如图 8.13 所示。

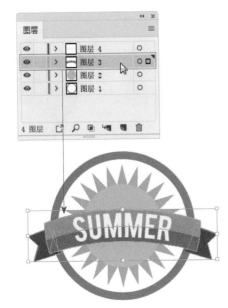

图8.13 选择图形对象的操作效果

8.3.2　隐藏/显示图层

　　隐藏图层与隐藏对象一样，主要是将暂时不需要的图形对象隐藏起来，以方便复杂图形的编辑。

　　如果要隐藏某个图层，首先将光标移动到该图层左侧的"切换可视性" 👁 区域，在眼睛图标 👁 上单击，使眼睛图标消失，这样就将该图层隐藏了，同时位于该图层上的图形也被隐藏。隐藏图层的操作效果如图 8.14 所示。

图8.14　隐藏图层的操作效果

8.3.3 建立剪切蒙版

利用剪切蒙版可以将一些图形或图像需要显示的部分显示出来，而将其他部分遮住。蒙版图形可以是开放、封闭或复合路径，但必须位于被蒙版对象的前面。

要使用剪切蒙版，必须保证蒙版轮廓与被蒙版对象位于同一图层中，或是同一图层的不同子层中。选择要应用蒙版的图层，然后确定蒙版轮廓在被蒙版图层的最上方，单击"图层"面板底部的"建立/释放剪切蒙版"按钮 ，即

可建立剪切蒙版效果。建立剪切蒙版操作效果如图 8.15 所示。

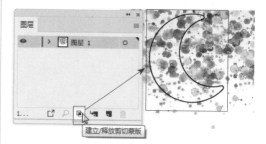

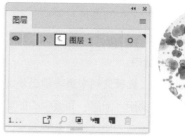

图8.15 建立剪切蒙版操作效果

8.4 拓展训练

本章通过两个拓展训练，巩固前面学过的知识，加深对这些知识的了解，以便快速掌握软件的使用。

训练8-1 利用"分割"制作圆形重合效果

◆实例分析

本例主要讲解使用"分割"制作圆形重合效果的方法，最终效果如图 8.16 所示。

图8.16 最终效果

◆本例知识点

1．"椭圆工具" ⬭
2．"分割"命令
3．"对称"命令

训练8-2 利用"网格工具"制作海浪效果

◆实例分析

本例主要讲解利用"网格工具" 与渐变填充制作海浪效果的方法，最终效果如图8.17所示。

难　　度：★★★	
素材文件：无	
案例文件：第8章＼制作海浪效果.ai	
视频文件：第8章＼训练8-2 利用"网格工具"制作海浪效果.avi	

图8.17 最终效果

◆本例知识点

1. "网格工具"
2. "直接选择工具"
3. "对称"命令

第 **9** 章

图表的设计及应用

图表工具的使用在 Illustrator 中是比较独立的一块。在统计和
比较各种数据时，为了获得更为直观的视觉效果，以更好地说
明和发现问题，通常采用图表来表达数据。Adobe Illustrator
CC 2018 和以前的版本一样，非常周全地考虑了这一点，提
供了丰富的图表类型和强大的图表功能，将图表与图形、文字
对象结合起来。本章详细详解了 9 种不同类型图表的创建和
编辑方法，并结合实例来讲解图表设计的应用，以制作出更
加精美的图表效果。通过本章的学习，读者不但可以根据数
据来创建所需要的图表，而且可以自己设计图形的艺术效果，
以制作出更为直观的报表、计划或海报中的图表效果。

教学目标

了解图表的种类

学习图表的创建

掌握图表的编辑

掌握图表数据的修改

掌握图表图案的设计应用

在 Illustrator CC 2018 中，图表有柱形图、堆积柱形图、条形图、堆积条形图、折线图、面积图、散点图、饼图、雷达图 9 种类型。

1. 柱形图、堆积柱形图、条形图、堆积条形图

这几类图表的柱形的高度或条形的长度对应于要比较的数量。对于柱形图或条形图，可以组合显示正值和负值；负值显示为水平轴下方伸展的柱形。对于堆积柱形图，数字必须全部为正数或全部为负数。

2. 折线图

折线图每列数据对应于折线图中的一条线。可以在折线图中组合显示正值和负值。

3. 面积图

面积图数值必须全部为正数或全部为负数。输入的每个数据行都与面积图上的填充区域相对应。面积图将每个列的数值添加到先前的列

的总数中，因此，即使面积图和折线图包含相同的数据，它们看起来也明显不同。

4. 散点图

散点图与其他类型的图表的不同之处在于两个轴都有测量值。

5. 饼图

饼图的特点在于，工作表中的每个数据行都可以生成单独的图表。

6. 雷达图

雷达图每个数字都被绘制在轴上，并且连接到相同轴的其他数字上，以创建出一个"网"。可以在雷达图中组合显示正值和负值。

9.2 创建各种图表

在统计和比较各种数据时，为了获得更为直观的视觉效果，以更好地说明和发现问题，通常采用图表来表达数据。Illustrator CC 2018 提供了丰富的图表类型和强大的图表功能，将图表与图形、文字对象结合起来，使它成为制作报表、计划和海报等强有力的工具。

Illustrator CC 2018 为用户提供了 9 种图表工具，创建图表的各种工具都在工具箱中，图表工具栏如图 9.1 所示。

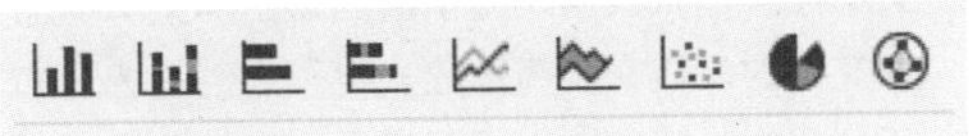

图9.1 图表工具栏

图表工具的使用说明简单介绍如下。

- "柱形图工具" ▮▮▮：用来创建柱形图。柱形图使用一些并列排列的矩形的长短来表示各种数据，矩形的长度与数据大小成正比，矩形越长，相对应的值就越大。
- "堆积柱形图工具" ▮▮▮：用来创建堆积柱形

图。堆积柱形图按类别堆积起来，而不是像柱形图那样并列排列，而且它们能够显示数量的信息。堆积柱形图用来显示全部数据的总数，而普通柱形图可用于每一类中单个数据的比较，所以堆积柱形图更容易看出整体与部分的关系。

- "条形图工具" ：用来创建条形图。与柱形图相似，但它使用水平放置的矩形，而不是竖直矩形来表示各种数据。
- "堆积条形图工具" ：用来创建堆积条形图。与堆积柱形图相似，只是排列的方式不同，堆积的方向是水平而不是竖直。
- "折线图工具" ：用来创建折线图。折线图用一系列相连的点来表示各种数据，多用来显示一种事物发展的趋势。
- "面积图工具" ：用来创建面积图。与折线图类似，但线条下面的区域会被填充，多用来强调总数量的变化情况。
- "散点图工具" ：用来创建散点图。它能够创建一系列不相连的点，用来表示各种数据。
- "饼图工具" ：用来创建饼图。饼图使用不同大小的扇形来表示各种数据，扇形的面积与数据的大小成正比。扇形面积越大，该对象所占的百分比就越大。
- "雷达图工具" ：用来创建雷达图。雷达图使用圆来表示各种数据，方便比较某个时间点上的数据参数。

练习9-1 使用图表工具创建图表 （难点）

难 度：	★
素材文件：	无
案例文件：	无
视频文件：	第9章\练习9-1 使用图表工具创建图表 .avi

使用图表工具可以轻松创建图表，创建的方法有两种：一种是在文档中拖动一个矩形区域来创建图表；另一种是在文档中单击鼠标来创建图表。下面讲解这两种方法的具体操作。

1. 拖动法创建图表

拖动法创建图表的操作过程如下。

01 在工具箱中选择任意一种图表工具，如选择"柱形图工具" ，在文档中合适的位置按下鼠标，然后在不释放鼠标的情况下拖动，以设定所要创建的图表的外框大小，拖动效果如图9.2所示。

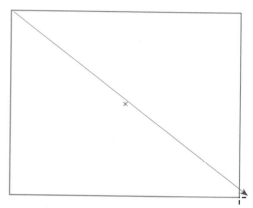

图9.2 拖动效果

02 达到满意的效果时释放鼠标，将弹出如图9.3所示的图表数据对话框。在数据对话框中可以完成图表数据的设置。

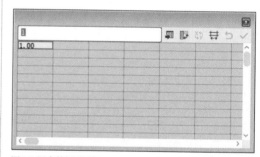

图9.3 图表数据对话框

图表数据对话框中各选项的含义说明如下。

- **文本框：** 输入数据和显示数据。在向文本框输入文字时，该文字将被放入电子表当前选定的单元格中。还可以选择现在文字的单元格，利用该文本框修改原有的文字。
- **当前单元格：** 当前选定的单元格，选定的单元格将出现一个反白的效果。当前单元格中的文字与文本框中的文字相对应。

- "导入数据" ：单击该按钮，将打开"导入图表数据"对话框，可以从其他位置导入表格数据。
- "换位行/列"：用于转换横向和纵向的数据。
- "切换x/y"：用来切换x轴和y轴的位置，可以将x轴和y轴进行交换。只在散点图中可以使用。
- "单元格样式"：单击该按钮，将打开如图9.4所示的"单元格样式"对话框，在"小数位数"文本框中输入数值，可以指定小数点位置；在"列宽度"文本框中输入数值，可以设置表格列宽度大小。

图9.4 "单元格样式"对话框

- "恢复"：单击该按钮，可以将表格恢复到默认状态，以重新设置表格内容。
- "应用"：单击该按钮，表示确定表格的数据设置，应用输入的数据生成图表。

03 在要输入文字的单元格中单击，选定该单元格，然后在文本框中输入该单元格的文字。然后在其他要填入文字的单元格中单击，同样在文本框中输入文字。表格数据的输入效果如图9.5所示。

图9.5 表格数据的输入效果

04 完成数据输入后，先单击图表数据对话框右上

角的"应用"按钮，然后单击"关闭"按钮，完成柱形图的制作，效果如图9.6所示。

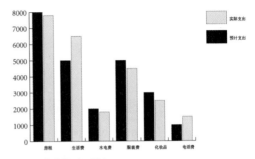

图9.6 制作的柱形图效果

2. 单击鼠标创建图表

在工具箱中选择任意一种图表工具，然后在文档的适当位置单击，确定图表左上角的位置，将弹出如图9.7所示的"图表"对话框。在该对话框中设置图表的宽度和高度值，以指定图表的外框大小，然后单击"确定"按钮，将弹出图表数据对话框，利用前面讲过的方法输入数值即可创建一个指定的图表。

图9.7 "图表"对话框

提示

由于图表数据对话框的数据输入及图表创建前面已经详细讲解过，这里不再赘述，只学习单击创建图表的操作方法即可。

9.3 编辑图表

Illustrator CC 2018 通过"类型"命令，可以对已经生成的各种类型的图表进行编辑，比如修改图表的数值轴、投影、图例、刻度值和刻度线等，还可以转换不同的图表类型。这里以柱形图为例讲解编辑图表的方法。

9.3.1 图表的选取与颜色更改

图表可以像图形对象一样，使用选择工具选取后进行修改，如修改图表文字的字体、图表颜色、图表坐标轴和刻度等。为了使图表修改具有统一性，对于图表的修改主要应用"编组选择工具" ，因为利用该工具可以选择相同类组进行修改。不能为了修改图表而改变图表的表达意义。

练习9-2 图表的选取与颜色更改 （难点）

难　　度：	★
素材文件：	无
案例文件：	无
视频文件：	第9章\练习9-2 图表的选取与颜色更改 .avi

使用"编组选择工具" 选择图表中的相关组，操作方法很简单，这里以柱形图为例进行讲解。

要选择柱形图中某组柱形并修改，首先在工具箱中选择"编组选择工具" ，然后在图表中单击其中的一个柱形，选择该柱形；如果双击该柱形，可以选择图表中该组所有的柱形图；如果三击该柱形，可以选择图表中该组所有的柱形图和该组柱形图的图例。三击选择柱形图及图例后，可以通过"颜色"或"色板"面板，也可以使用其他的颜色编辑方法，编辑颜色进行填充或描边，这里将选择的图表和图例填充为渐变色。选择及修改效果如图9.8所示。

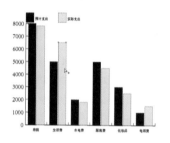
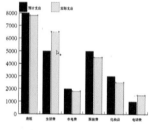
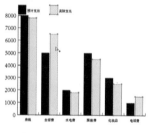
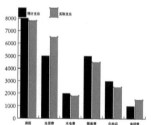

图9.8 选择及修改效果

> **提示**
>
> 利用上面讲解的方法，还可以修改图表中其他的组，比如文字、刻度值、数值轴和刻度线等，只是要注意图表的整体性，不要为了美观而忽略了表格的特性。

9.3.2 图表选项的更改 重点

要想修改图表选项，首先利用"选择工具"▶
选择图表，然后执行菜单栏中的"对象"|"图
表"|"类型"命令，或在图表上单击鼠标右键，
从弹出的快捷菜单中选择"类型"命令，如图9.9
所示。系统将打开如图9.10所示的"图表类型"
对话框。

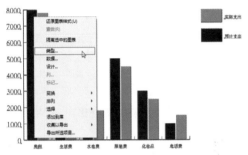

图9.9 选择"类型"命令

图9.10 "图表类型"对话框

"图表类型"对话框中各选项的含义说明
如下。

- **图表类型**：在该下拉列表中，可以选择不同的
  修改选项，包括"图表选项""数值轴"和
  "类别轴"3种。
- **类型**：通过单击下方的图表按钮，可以转换不
  同的图表类型。9种图表类型的显示效果如图
  9.11所示。

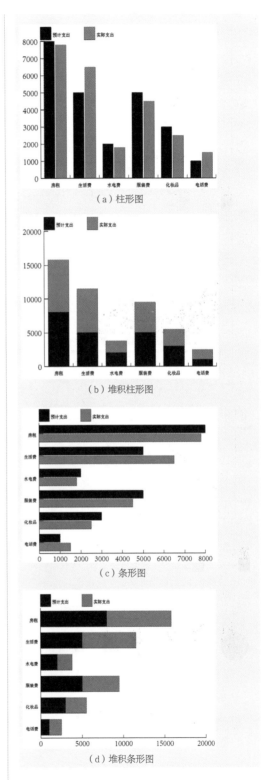

（a）柱形图

（b）堆积柱形图

（c）条形图

（d）堆积条形图

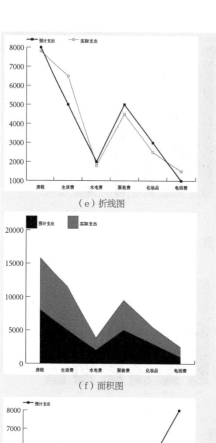

（e）折线图

（f）面积图

（g）散点图

预计支出　实际支出

房租　生活费　水电费　服装费　化妆品　电话费

（h）饼图

（i）雷达图

图9.11 9种图表类型的显示效果

- **数值轴：** 控制数值轴的位置，有"位于左侧""位于右侧"和"位于两侧"3个选项供选择。选择"位于左侧"选项，数值轴将出现在图表的左侧；选择"位于右侧"选项，数值轴将出现在图表的右侧；选择"位于两侧"选项，数值轴将在图表的两侧出现。不同的选项效果如图9.12所示。

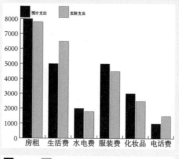

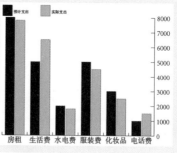

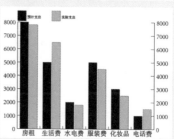

图9.12 数值轴不同显示效果

- **样式**：该选项组中有4个复选框。勾选"添加投影"复选框，可以为图表添加投影，如图9.13所示。勾选"在顶部添加图例"复选框，可以将图例添加到图表的顶部，而不是集中在图表的右侧，如图9.14所示。"第一行在前"和"第一列在前"主要设置柱形图表的柱形叠放层次，需要和"选项"中的"列宽"或"簇宽度"配合使用，只有当"列宽"或"簇宽度"的值大于100%时，柱形图才能出现重叠现象，这时才可以利用"第一行在前"或"第一列在前"来调整柱形图的叠放层次。

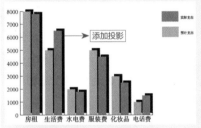

图9.13 投影效果

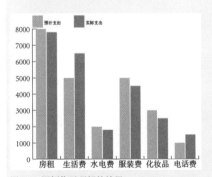

图9.14 图例位于顶部的效果

- **选项**：该选项组包括"列宽"和"簇宽度"两个参数，"列宽"表示柱形图各柱形的宽度；"簇宽度"表示柱形图各簇的宽度。将"列宽"和"簇宽度"分别设置为80%和90%的显示效果，如图9.15、图9.16所示。

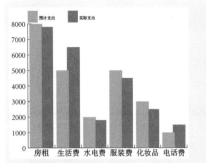

图9.15 簇宽度为80%

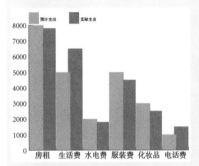

图9.16 簇宽度为90%

堆积柱形图、条形图和堆积条形图的参数设置与柱形图非常相似，这里不再详细讲解，读者可以自己练习一下。但折线图、散点图和雷达图的"选项"参数区是不同的，如图 9.17所示。这里再讲解一下这些不同的参数应用。

图9.17 不同的"选项"参数区

- **标记数据点**：勾选该复选框，可以在数值位置出现标记点，以便更清楚地查看数值，如图9.18所示。

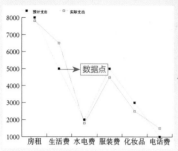

图9.18 标记数据点

- **线段到边跨X轴**：勾选该复选框，可以将线段的边缘延伸到X轴上，否则将远离X轴。勾选效果如图9.19所示。

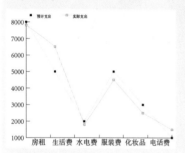

图9.19 跨X轴

- **连接数据点**：勾选该复选框，会将数据点之间使用线连接起来，否则不连接数据线。不勾选该复选框的效果如图9.20所示。

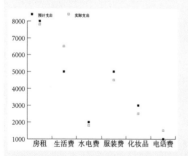

图9.20 不勾选"连接数据点"复选框的效果

- **绘制填充线**：只有勾选了"连接数据点"复选框，此项才可以看到效果。勾选该复选框，连接线将变成填充效果，可以在"线宽"文本框中输入数值，以指定线宽。将"线宽"设置为3pt的效果如图9.21所示。

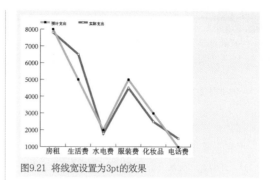

图9.21 将线宽设置为3pt的效果

9.3.3 更改数值轴和类别轴格式 （难点）

在"图表类型"下拉列表中还有"数值轴"和"类别轴"两个选项，下面分别讲解这两个选项的使用方法。

1. 修改数值轴

在"图表类型"下拉列表中，选择"数值轴"选项，显示出如图9.22所示的"数值轴"参数区，可以对图表数值轴参数进行详细的设置。

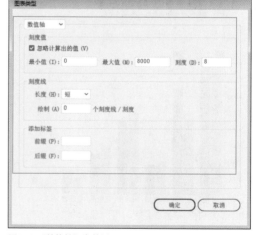

图9.22 "数值轴"参数区

"数值轴"参数区包括"刻度值""刻度线"和"添加标签"3个选项组，主要设置图表的刻度及数值，下面来详细讲解各参数的应用。

- **刻度值：** 刻度值定义数据坐标轴的刻度数值。在默认情况下，"忽略计算出的值"复选框并不被勾选，其他的3个选项处于不可用状态。勾选"忽略计算出的值"复选框，可以激活其下的3个选项。图9.23所示为"最小值"为500，"最大值"为10000，"刻度"值为5的图表显示效果。

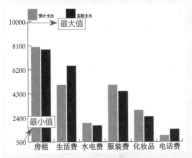

图9.23 设置刻度值的图表显示效果

- **最小值：** 指定图表最小刻度值，也就是原点的数值。
- **最大值：** 指定图表最大刻度值。
- **刻度：** 指定在最大值与最小值之间分成几部分。这里要特别注意输入的数值，输入的数值如果不能被最大值减去最小值得到的数值整除，将出现小数。
- **刻度线：** "刻度线"选项组的"长度"下拉列表中的选项控制刻度线的显示效果，包括"无""短"和"全宽"3个选项。"无"表示在数值轴上没有刻度线；"短"表示在数值轴上显示短刻度线；"全宽"表示在数值轴上显示贯穿整个图表的刻度线。还可以在"绘制"文本框中输入一个数值，将数值主刻度分成若干的刻度线。数值轴不同刻度线设置效果如图9.24所示。

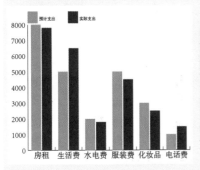

（a）无

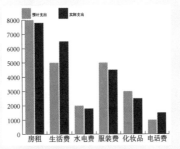

（b）短

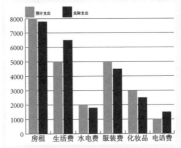

（c）全宽

图9.24 数值轴不同刻度线设置效果

- **添加标签：** 通过在"前缀"和"后缀"文本框中输入文字，可以为数值轴上的数据加上前缀或后缀。添加前缀和后缀的效果分别如图9.25、图9.26所示。

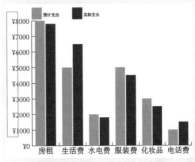

图9.25 添加前缀

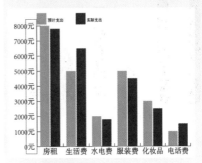

图9.26 添加后缀

2. 修改类别轴

在"图表类型"下拉列表中，选择"类别轴"选项，显示出如图 9.27 所示的"类别轴"参数区，可以对图表类别轴参数进行详细的设置。

图9.27 "类别轴"参数区

- **刻度线**：刻度线选项组的"长度"下拉列表中的选项控制刻度线的显示效果，包括"无""短"和"全宽"3个选项。"无"表示在类别轴上没有刻度线；"短"表示在类别轴上显示短刻度线；"全宽"表示在类别轴上显示贯穿整个图表的刻度线。还可以在"绘制"文本框中输入一个数值，将类别主刻度分成若干的刻度线。类别轴不同刻度线设置效果如图9.28所示。

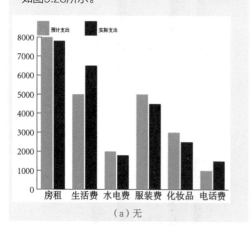

（a）无

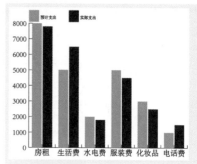

（b）短，"绘制"为2

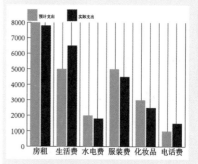

（c）全宽，"绘制"为3

图9.28 类别轴不同刻度线设置效果

- **在标签之间绘制刻度线**：勾选该复选框，类别轴上的刻度线将出现在标签之间，反之则出现在柱形图的图柱之间。不同位置的刻度线设置效果如图9.29所示。

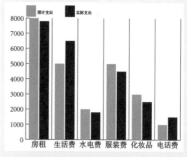

（a）勾选效果

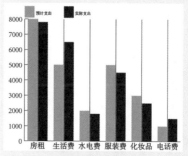

（b）取消勾选效果

图9.29 不同位置的刻度线设置效果

9.4 图表设计应用

在 Illustrator CC 2018 中不但可以根据数据来创建所需要的图表，并使用不同的图表组合，还可以自己设计图形的柱形或标记，以制作出更加直观、精美的图表效果。

9.4.1 使用不同图表组合

可以在一个图表中组合使用不同类型的图表以达到特殊效果。例如，可以将柱形图中的某组数据显示为折线图，制作出柱形图与折线图组合的效果。下面就将柱形图中的预计支出数据组制作成折线图，具体操作如下。

01 选择"编组选择工具" ▶，在预计支出数据组中的任意一个柱形图上三击，将该组全部选中。选中效果如图9.30所示。

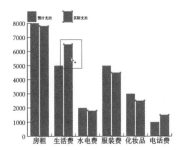

图9.30 选中效果

02 执行菜单栏中的"对象"|"图表"|"类型"命令，打开"图表类型"对话框，在"类型"选项组中，单击"折线图"按钮 ，如图9.31所示。

图9.31 单击"折线图"按钮

03 设置好参数后，单击"确定"按钮，完成图表的转换，转换后的不同图表组合效果如图9.32所示。

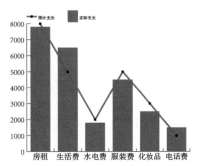

图9.32 不同图表组合效果

9.4.2 设计图表图案

Illustrator CC 2018 不仅可以使用图表的默认柱形、条形或线形显示，还可以任意地设计图形，比如将柱形改变成蜜蜂显示，这样可以使设计的图表更加形象、直观、艺术，使图表看起来不会那么单调。下面以"符号"面板中的蜜蜂为例，讲解设计图表图案的具体操作方法。

练习9-3 设计图表图案

难　　度：	★
素材文件：无	
案例文件：无	
视频文件：第 9 章 \ 练习 9-3 设计图表图案 .avi	

01 执行菜单栏中的"窗口"|"符号库"|"自然"命令，打开"自然"面板，在该面板中选择第1行第2个"蜜蜂"符号，将其拖动到文档中，如图9.33所示。

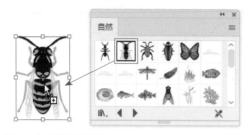

图9.33 拖动符号到文档中

02 选中文档中的蜜蜂图案，然后执行菜单栏中的
"对象"|"图表"|"设计"命令，打开"图表设计"
对话框，然后单击"新建设计"按钮，可以
看到蜜蜂符号被添加到设计框中，如图9.34
所示。

图9.34 "图表设计"对话框

"图表设计"对话框中各选项的含义说明
如下。

- **新建设计**：单击该按钮，可以将选择的图形添
  加到"图表设计"对话框中。如果在当前文档
  中没有选择图形，该按钮将不可用。
- **删除设计**：选择某个设计，然后单击该按钮，
  可以将该设计删除。
- **重命名**：用来为设计重命名。选择某个设计
  后，单击该按钮将打开一个对话框，在"名
  称"文本框中输入新的名称，单击"确定"按
  钮即可。
- **粘贴设计**：单击该按钮，可以将选择的设计粘
  贴到当前文档中。
- **选择未使用的设计**：单击该按钮，可以选择所
  有未使用的设计图案。

9.4.3 将设计应用于柱形图

练习9-4 将设计应用于柱形图

难　度：	★★
素材文件：	无
案例文件：	无
视频文件：第9章\练习9-4 将设计应用于柱形图 .avi	

设计了图案以后，下面将设计图案应用在
图表中，具体的操作方法如下。

01 利用"编组选择工具" ▷ 在应用设计的柱形图
中三击鼠标，选择柱形图中的该组柱形及图例，如
图9.35所示。

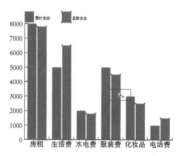

图9.35 选择柱形

02 执行菜单栏中的"对象"|"图表"|"柱形
图"命令，打开"图表列"对话框，在"选取列设
计"中选择要应用的设计，并利用其他参数设计需
要的效果，如图9.36所示。设置完成后，单击
"确定"按钮，即可将设计应用于柱形图中。

图9.36 "图表列"对话框

"图表列"对话框中各选项的含义说明如
下。

- **选择列设计:** 在该列表框中,显示用于应用的设计名称。
- **设计预览:** 当在"选择列设计"列表框中选择某个设计时,可以在这里预览设计图案的效果。
- **列类型:** 设置图案的排列方式。包括"垂直缩放""一致缩放""重复堆叠"和"局部缩放"4个选项。"垂直缩放"表示设计图案沿竖直方向拉伸或压缩,而宽度不会发生变化;"一致缩放"表示设计图案沿水平和竖直方向同时等比缩放,而且设计图案之间的水平距离不会随不同的宽度而调整;"重复堆叠"表示将设置图案重复堆积起来充当列,通过"每个设计表示……个单位"和"对于分数"的设置可以制作出不同的设计图案堆叠效果。其中"垂直缩放""一致缩放"和"局部缩放"效果分别如图9.37、图9.38、图9.39所示。

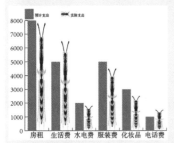

图9.37 垂直缩放

图9.38 一致缩放

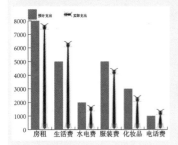

图9.39 局部缩放

提示

由于创建设计图案时蜜蜂是一个符号,且没有扩展和断开链接,所以在使用局部缩放时不会产生图9.39的效果。想产生图9.39的效果,注意在创建设计图案时将符号扩展或断开链接。

- **旋转图例设计:** 勾选该复选框,可以将图表的图例旋转90°。
- **每个设计表示……个单位:** 在文本框中输入数值,可以指定设计图案表示的单位。只有在"列类型"下拉列表中选择"重复堆叠"选项时,该项才可以应用。
- **对于分数:** 指定堆叠图案设计出现的超出或不足部分的处理方法。在下拉列表中,可以选择"截断设计"和"缩放设计"。"截断设计"表示如果图案设计超出数值范围,将多余的部分截断;"缩放设计"表示如果图案设计有超出或不足部分,可以将图案放大或缩小以匹配数值。只有在"列类型"下拉列表中选择"重复堆叠"选项时,该项才可以应用。

因为"重复堆叠"的设计比较复杂一些,所以这里详细讲解"重复堆叠"选项的应用。选择"重复堆叠"选项后,设置每个设计表示1000个单位,将"对于分数"分别设置为"截断设计"和"缩放设计"的效果时,图表显示分别如图9.40、图9.41所示。

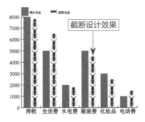

图9.40 截断设计

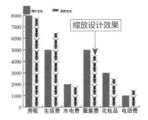

图9.41 缩放设计

9.4.4 将设计应用于标记

将设计应用于标记不能应用在柱形图中，只能应用在带有标记点的图表中，如折线图、散点图和雷达图中。下面以折线图为例讲解设计应用于标记的方法。

01 利用前面讲解的方法新建一个图例设计，也可以使用前面创建的设计，保证有图例设计即可。利用"编组选择工具" 🎯 在折线图的标记点上三击鼠标，选择折线图中的该组折线图标记和图例，如图9.42所示。

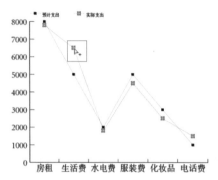

图9.42 选择折线图标记和图例

02 执行菜单栏中的"对象"|"图表"|"标记"命令，打开如图9.43所示的"图表标记"对话框，在"选择标记设计"列表框中，选择一个设计，在右侧的标记设计预览框中，可以看到当前设计的预览效果。

图9.43 "图表标记"对话框

03 选择标记设计后，单击"确定"按钮，即可将设计应用于标记了，应用后的效果如图9.44所示。

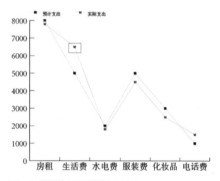

图9.44 将设计应用于标记的效果

9.5 拓展训练

本章安排了两个拓展训练，讲解了 Illustrator 的强大绘图及编辑能力，希望读者勤加练习，快速掌握 Illustrator 的图表创建及处理功能。

训练9-1 利用"分别变换"命令制作影像插画

◆ 实例分析

本例主要利用"分别变换"命令制作影像插画效果。首先利用渐变颜色制作天空和海洋效果。再利用椭圆并添加投影制作出云朵效果，最后将其搭配在一起，打造出海天相接的奇幻影像效果，如图 9.45 所示。

难　　度：★ ★ ★
素材文件：无
案例文件：第 9 章 \ 制作影像插画 .ai
视频文件：第 9 章 \ 训练 9-1 利用"分别变换"命令制作影像插画 .avi

图9.45 最终效果

◆ 本例知识点

1．"缩放"命令
2．"分别变换"命令
3．"旋转"命令
4．"剪切蒙版"命令

训练9-2 利用"鱼眼"命令打造梦幻地球插画

◆ 实例分析

　　本例主要利用"鱼眼"命令打造梦幻地球插画。首先绘制一个多边形，接着多次将其复制并移动，再通过利用"鱼眼"命令制作出地球的圆弧度，最后稍加修饰，从而制作出梦幻地球插画效果，如图 9.46 所示。

难　　度：★ ★ ★
素材文件：无
案例文件：第 9 章 \ 梦幻地球插画 .ai
视频文件：第 9 章 \ 训练 9-2 利用"鱼眼"命令打造梦幻地球插画 .avi

图9.46 最终效果

◆ 本例知识点

1．"多边形工具"
2．"移动"命令
3．"鱼眼"命令

第 **10** 章

效果的应用

本章介绍了 3D 效果、扭曲和变换效果、风格化效果等各种各样的效果，详细讲解了每个效果的使用方法。每个效果的功能各不相同，只有对每个效果的功能都比较熟悉，才能恰到好处地运用这些效果。通过本章的学习，读者可以使用"效果"菜单中的相关命令来处理与编辑位图图像与矢量图形，同时为位图图像和矢量图形添加一些特殊效果。

教学目标

了解"效果"菜单

掌握各种效果命令的使用

掌握利用效果处理位图图像的方法

掌握利用效果处理矢量图形的方法

10.1 "效果"菜单

效果为用户提供了许多特殊功能,使得 Illustrator 处理图形的功能更加丰富。在"效果"菜单中,大体可以根据分隔条将其分为 3 部分。第 1 部分有两个命令,前一个命令是重复使用上一个效果命令;后一个命令是打开上次应用的效果对话框进行修改。第 2 部分主要是针对矢量图形的 Illustrator 效果;第 3 部分主要是类似 Photoshop 效果,主要应用在位图中,也可以应用在矢量图形中。"效果"菜单如图 10.1 所示。

图10.1 "效果"菜单

"效果"菜单中的大部分命令不但可以应用于位图,还可以应用于矢量图形。"效果"菜单中的命令应用后会在"外观"面板中出现,方便再次打开相关的命令对话框进行修改。

10.2 3D效果

3D 效果包括"凸出和斜角""绕转"和"旋转"3 种特效,利用这些特效命令可以将 2D 平面对象制作成三维立体效果。

10.2.1 凸出和斜角 (难点)

"凸出和斜角"效果主要是增加二维图形的 Z 轴纵深来创建三维效果,也就是将二维平面图形以增加厚度的方式制作出三维图形效果。

要应用"凸出和斜角"效果,首先要选择一个二维图形,然后执行菜单栏中的"效果"|"3D"|"凸出和斜角"命令,打开"3D 凸出和斜角选项"对话框,对凸出和斜角进行

详细的设置。图 10.2 所示为原始二维图形及对话框。

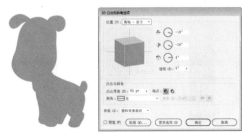

图10.2 原始二维图形及对话框

1. "位置"参数区

　　"位置"参数区主要用来控制三维图形的不同视图位置，可以使用默认的预设位置，也可以手动修改不同的视图位置。"位置"参数区如图 10.3 所示。

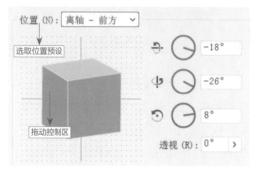

图10.3　"位置"参数区

　　"位置"参数区各选项的含义说明如下。

- "位置"下拉列表：从该下拉列表中，可以选择一些预设的位置，共包括16种，16种默认位置显示效果如图10.4所示。如果不想使用默认的位置，可以选择"自定旋转"选项，然后修改其他的参数来自定旋转。

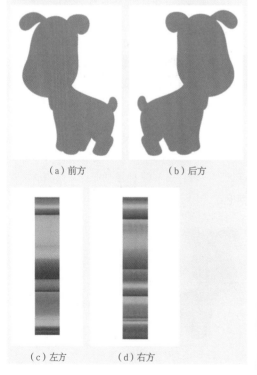

（a）前方　　　　　（b）后方

（c）左方　　　　　（d）右方

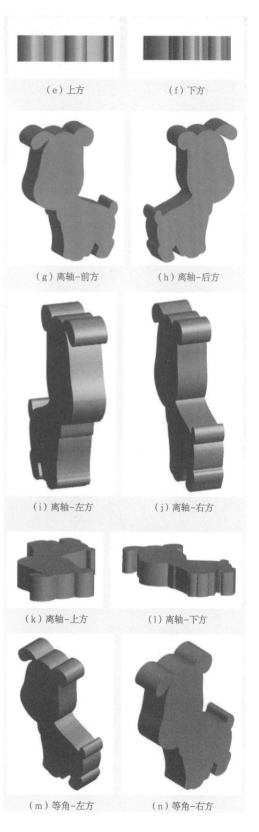

（e）上方　　　　　（f）下方

（g）离轴−前方　　　（h）离轴−后方

（i）离轴−左方　　　（j）离轴−右方

（k）离轴−上方　　　（l）离轴−下方

（m）等角−左方　　　（n）等角−右方

（o）等角-上方 　　　（p）等角-下方

图10.4　16种默认位置显示效果

- **拖动控制区**：将光标放置在拖动控制区的方块上，光标将会有不同的变化，根据光标的变化拖动，可以控制三维图形的不同视图效果，制作出16种默认位置显示以外的其他视图效果。
- **"指定绕X轴旋转"** ⟳：在右侧的文本框中，指定三维图形绕X轴旋转的角度。
- **"指定绕Y轴旋转"** ⟳：在右侧的文本框中，指定三维图形绕Y轴旋转的角度。
- **指定绕Z轴旋转** ⟳：在右侧的文本框中，指定三维图形绕Z轴旋转的角度。
- **透视**：指定视图的方位，可以通过右侧的下拉列表来控制角度，也可以直接输入一个角度值。

2. "凸出与斜角" 参数区

　　"凸出与斜角" 参数区主要用来设置三维图形的凸出厚度、端点、斜角和高度等属性，制作出不同厚度的三维图形效果或带有不同斜角的三维图形效果。"凸出与斜角" 参数区如图 10.5 所示。

图10.5　"凸出与斜角" 参数区

　　"凸出与斜角" 参数区各选项的含义说明如下。

- **凸出厚度**：控制三维图形的厚度，取值范围为0~2000pt。图10.6所示为厚度值分别为10pt、30pt和50pt的效果。

（a）厚度为10pt　（b）厚度为30pt　（c）厚度为50pt

图10.6　不同凸出厚度效果

- **端点**：控制三维图形为实心还是空心效果。单击"开启端点以建立实心外观"按钮◐，可以制作实心图形，如图10.7所示；单击"关闭端点以建立空心外观"按钮◑，可以制作空心图形，如图10.8所示。

图10.7　实心图形　　　　图10.8　空心图形

- **斜角**：可以为三维图形添加斜角效果。在右侧的下拉列表中，预设提供共10种斜角，还有一个"无"选项，不同的显示效果如图10.9所示。同时，可以通过"高度"的数值来控制斜角的高度，还可以单击"斜角外扩"按钮，将斜角添加到原始对象；或单击"斜角内缩"按钮，从原始对象减去斜角。

（a）无　　　　（b）经典　　　　（c）复杂1

（d）复杂2　　　（e）复杂3　　　　（f）复杂4

（g）拱形　　　（h）锯齿形　　　（j）滚动

（j）圆形　　　　　（k）高圆形

图10.9　11种预设斜角效果

3."表面"参数区

在"3D 凸出和斜角选项"对话框的底部位置，单击"更多选项"按钮，可以展开"表面"参数区，如图10.10所示。在"表面"参数区中，不但可以应用预设的表面效果，还可以根据自己的需要重新调整三维图形的显示效果，如光源强度、环境光、高光强度和底纹颜色等。

图10.10　"表面"参数区

"表面"参数区各选项的含义说明如下。

- **"表面"下拉列表**：在该下拉列表中，提供了4种表面预设效果，包括"线框""无底纹""扩散底纹"和"塑料效果底纹"。"线框"表示将图形以线框的形式显示；"无底纹"表示三维图形没有明暗变化，整体图形颜色灰度一致，看上去是平面效果；"扩散底纹"表示三维图形有柔和的明暗变化，但并不强烈，可以看出三维图形效果；"塑料效果底

纹"表示为三维图形增加强烈的光线明暗变化，让三维图形显示一种类似塑料的效果。4种不同的表面预设效果如图10.11所示。

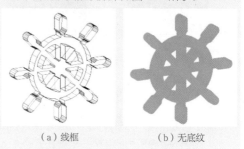

（a）线框　　　　　（b）无底纹

（c）扩散底纹　　　（d）塑料效果底纹

图10.11　4种不同的表面预设效果

- **光源控制区**：该区域主要用来手动控制光源的位置，进行添加或删除光源等操作，如图10.12所示。使用鼠标拖动光源，可以修改光源的位置。单击"将所选光源移动到对象后面"按钮 ，可以将所选光源移动到对象后面；单击"新建光源"按钮，可以创建一个新的光源；选择一个光源后，单击"删除光源"按钮 ，可以将选取的光源删除。

图10.12　光源控制区

- **光源强度**：控制光源的亮度。值越大，光源的亮度也就越大。
- **环境光**：控制周围环境光线的亮度。值越大，周围的光线越亮。
- **高光强度**：控制对象高光位置的亮度。值越大，高光越亮。
- **高光大小**：控制对象高光点的大小。值越大，高光点就越大。

- 混合步骤：控制对象表面颜色的混合步数。值越大，表面颜色越平滑。
- 底纹颜色：控制对象阴影的颜色，一般常用黑色。
- "保留专色"和"绘制隐藏表面"：勾选这两个复选框，可以保留专色和绘制隐藏的表面。

练习10-1 利用"3D"命令制作立体字

难　　度：★ ★ ★	
素材文件：第 10 章 \3D 效果 .ai	
案例文件：第 10 章 \ 制作立体字	
视频文件：第 10 章 \ 练习 10-1 利用"3D"命令制作立体字 .avi	

01 选择工具箱中的"矩形工具" ▬ ，绘制一个矩形，将"填色"更改为灰色（R：230，G：230，B：230），"描边"为无。

02 选择工具箱中的"网格工具" ▦ ，在图形边缘上单击数次添加锚点，如图10.13所示。

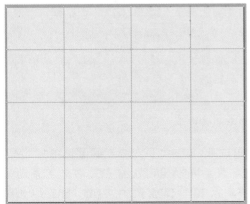

图10.13 添加锚点

03 选择工具箱中的"直接选择工具" ▷ ，选中部分锚点，填充为白色，如图10.14所示。

图10.14 填充颜色

提示

填充颜色的目的是增加图形中间区域的亮度，与周围颜色形成对比。

04 选择工具箱中的"文字工具" **T** ，添加文字（方正兰亭中黑_GBK），在文字上单击鼠标右键，从弹出的快捷菜单中选择"创建轮廓"命令，如图10.15所示。

2019

图10.15 添加文字

05 选中文字，在"外观"面板中，单击面板底部的"添加新填色"按钮 ▬ ，再选择工具箱中的"渐变工具" ▬ ，在文字上拖动为其填充灰色（R：185，G：195，B：205）到白色再到灰色（R：220，G：225，B：230）的线性渐变，角度为-90°，如图10.16所示。

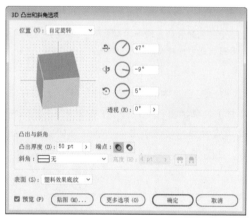

图10.16 填充渐变

06 选中文字，执行菜单栏中的"效果"|"3D"|"凸出和斜角"命令，在弹出的对话框中的立方体区域按住鼠标拖动，旋转图形，将"凸出厚度"更改为50pt，完成之后单击"确定"按钮，如图10.17所示。

图10.17 设置凸出和斜角

07 选中图形，按Ctrl+C快捷键将其复制，再按Ctrl+F快捷键将其粘贴，将粘贴的图形移至原立体文字下方，并向下稍微移动，如图10.18所示。

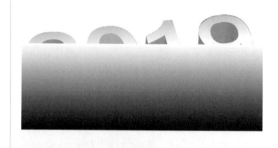

图10.18 复制文字

08 选择工具箱中的"矩形工具" ▢ ，绘制一个矩形。选择工具箱中的"渐变工具" ▢ ，在矩形上拖动，为其填充白色到黑色的线性渐变，如图10.19所示。

图10.19 绘制矩形并填充线性渐变

09 同时选中刚才绘制的图形及下方文字，在"透明度"面板中，单击"制作蒙版"按钮，为文字制作倒影效果，如图10.20所示。

图10.20 制作蒙版

10 选择工具箱中的"渐变工具" ▢ ，单击"透明度"面板中的透明度蒙版缩览图，在文字上拖动填充渐变，这样就完成了立体字制作，最终效果如图10.21所示。

图10.21 最终效果

10.2.2 贴图

贴图就是为三维图形的面贴上一个图片，以制作出更加理想的三维图形效果。这里的贴图使用的是符号，所以要使用贴图命令，首先要根据三维图形的面设计好不同的贴图符号，以便使用。

> **提示**
>
> 关于符号的制作在前面已经详细讲解过，详情请参考第7章的内容。

要对三维图形进行贴图，首先选择该图形，然后打开"3D 凸出和斜角选项"对话框，在该对话框中，单击底部的"贴图"按钮，将打开如图 10.22 所示的"贴图"对话框，利用该对话框对三维图形进行贴图设置。

图10.22 "贴图"对话框

"贴图"对话框中各选项的含义说明如下。

- **符号：** 从该下拉列表中，可以选择一个符号，作为三维图形当前选择面的贴图。该下拉列表中的选项与"符号"面板中的符号相对应，所

以，如果要使用贴图，首先要确定"符号"面板中含有该符号。

- **表面：** 指定当前选择面以进行贴图。在该项右侧的文本框中，显示当前选择的面和三维对象的总面数。比如显示1/4，表示当前三维对象的总面为4个面，当前选择的面为第1个面。如果想选择其他的面，可以单击"第一个表面" ◀|、"上一个表面" ◀、"下一个表面" ▶和"最后一个表面" |▶按钮来切换。在切换时，如果勾选了"预览"复选框，可以在当前文档的三维图形中看到选择的面，该选择面将以红色的边框突出显示。
- **贴图预览区：** 用来预览贴图和选择面的效果，可以像变换图形一样，在该区域对贴图进行缩放和旋转等操作，以制作出更加适合选择面的贴图效果。
- **缩放以适合：** 单击该按钮，可以强制贴图大小与当前选择面的大小相同。也可以直接按F键。
- **"清除"和"全部清除"：** 单击"清除"按钮，可以将当前面的贴图效果删除，也可以直接按C键；如果想删除所有面的贴图效果，可以单击"全部清除"按钮，或直接按A键。
- **贴图具有明暗调：** 勾选该复选框，贴图会根据当前三维图形的明暗效果自动融合，制作出更加真实的贴图效果。不过应用该项会增加文件的大小。也可以按H键应用或取消贴图具有明暗调的功能。
- **三维模型不可见：** 勾选该复选框，在文档中的三维模型将隐藏，只显示选择面的红色边框效果，这样可以加快计算机的显示速度，但会影响查看整个图形的效果。

练习10-2 贴图的使用方法

难 度：★ ★
素材文件：第 10 章 \ 封面 .ai
案例文件：第 10 章 \ 贴图的使用方法 .ai
视频文件：第 10 章 \ 练习 10-2 贴图的使用方法 .avi

下面通过具体的实例来讲解为三维图形贴图的方法。

01 执行菜单栏中的"文件"|"打开"命令，打开"封面.ai"文件。这是书籍封面设计的一部分，封面和书脊如图10.23所示。

图10.23 打开素材

02 执行菜单栏中的"窗口"|"符号"命令，或按Shift + Ctrl + F11快捷键，打开"符号"面板，然后分别选择打开素材的正面和侧面，将其创建为符号，并命名为"封面"和"书脊"。符号创建后的效果如图10.24所示。

图10.24 创建的符号效果

03 利用"矩形工具"▭，在文档中拖动绘制一个与正面大小差不多的矩形，并将其填充为灰色（R: 230，G: 230，B: 230）。

04 选择新绘制的矩形，然后执行菜单栏中的"效果"|"3D"|"凸出和斜角"命令，打开"3D凸出和斜角选项"对话框，参数设置及图形效果如图10.25所示。

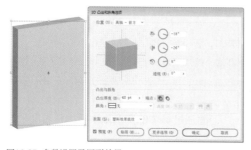

图10.25 参数设置及图形效果

05 在"3D 凸出和斜角选项"对话框中，单击底部的"贴图"按钮，打开"贴图"对话框，勾选"预览"复选框。在文档中查看图形当前选择的面是否为需要贴图的封面，如果确定为封面表面，从"符号"下拉列表中，选择刚才创建的"封面"符号贴图，如图10.26所示。

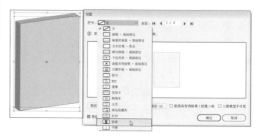

图10.26 选择封面贴图

06 通过"表面"右侧的按钮，将三维图形的选择面切换到需要贴图的书脊表面，然后在"符号"下拉列表中，选择"书脊"符号贴图。在"贴图预览区"可以看到贴图与表面的方向不对应，可以将贴图选中旋转一定的角度，以匹配贴图面，然后进行适当的缩放，如图10.27所示。

图10.27 书脊贴图效果

07 完成贴图后，单击"确定"按钮，返回"3D凸出和斜角选项"对话框，再次单击"确定"按钮，完成三维图形的贴图，最终效果如图10.28所示。

图10.28 贴图效果

10.2.3 绕转 重点

"绕转"效果可以将图形的轮廓沿指定的轴向进行旋转，从而产生三维图形，绕转的对象可以是开放的路径，也可以是封闭的图形。要应用"绕转"效果，首先选择一个二维图形，然后执行菜单栏中的"效果"|"3D"|"绕转"命令，打开"3D 绕转选项"对话框，在该对话框中可以对绕转的三维图形进行详细的设置。二维图形及"3D 绕转选项"对话框如图10.29所示。

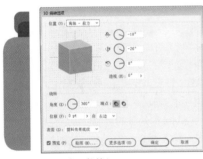

图10.29 二维图形及对话框

"3D 绕转选项"对话框中的"位置"和"表面"等选项与前面讲解的"3D 凸出和斜角选项"对话框中的一致，这里只将其他选项的含义说明如下。

- 角度：设置绕转对象的旋转角度。取值范围为0°~360°。可以通过拖动右侧的指针来修改角度，也可以直接在文本框中输入需要的绕转角度值。当输入360°时，完成三维图形的绕转；输入的值小于360°时，将不同程度地显示出未完成的三维效果。图10.30所示分别为输入角度值90°、180°、270°的不同显示效果。

图10.30 不同角度值的图形效果

- 端点：控制三维图形为实心还是空心效果。单击"开启端点以建立实心外观"按钮，可以制作实心图形，如图10.31所示；单击"关闭端点以建立空心外观"按钮，可以制作空心图形，如图10.32所示。

图10.31 实心图形　　　图10.32 空心图形

- 位移：设置离绕转轴的距离，值越大，离绕转轴就越远。图10.33所示分别为偏移值为0pt、30pt和50pt的效果。

(a) 偏移值为0pt　(b) 偏移值为30pt　(c) 偏移值为50pt
图10.33 不同偏移值效果

- 自：设置绕转轴的位置。可以选择"左边"或"右边"，分别以二维图形的左边或右边为轴向进行绕转。

提示

3D 效果中还有一个"旋转"命令，它可以将一个二维图形模拟在三维空间中变换，以制作出三维空间效果，它的参数与前面讲解的"3D 凸出和斜角选项"对话框中的参数相同，读者可以自己选择二维图形，然后使用该命令感受一下，这里不再赘述。

10.3 扭曲和变换效果

扭曲和变换效果是最常用的变形特效，主要用来修改图形对象的外观，包括"变换""扭拧"
"扭转""收缩和膨胀""波纹效果""粗糙化"和"自由扭曲"7 种效果。

10.3.1 变换 重点

  "变换"命令是一个综合性的变换命令，它可以同时对图形对象进行缩放、移动、旋转和对称等多项操作。选择要变换的图形后，执行菜单栏中的"效果"|"扭曲和变换"|"变换"命令，打开如图 10.34 所示的"变换效果"对话框，利用该对话框对图形进行变换操作。

图10.34 "变换效果"对话框

  "变换效果"对话框各选项的含义说明如下。

- **缩放**：控制图形对象的水平和垂直缩放大小。可以通过"水平"或"垂直"参数来修改图形的水平或垂直缩放程度。
- **移动**：控制图形对象在水平或垂直方向移动的距离。
- **旋转**：控制图形对象旋转的角度。
- **变换对象**：勾选该复选框，对图形对象进行变换。
- **变换图案**：勾选该复选框，对图形填充的图案

进行变换。
- **缩放描边和效果**：勾选该复选框，将对图形的描边和效果进行缩放。
- **对称 X**：勾选该复选框，图形将沿 X 轴镜像。
- **对称 Y**：勾选该复选框，图形将沿 Y 轴镜像。
- **随机**：勾选该复选框，图形对象将产生随机的变换效果。
- **参考点**：设置图形对象变换的参考点。只要用鼠标单击9个点中的任意一点，就可以选定参考点，选定的参考点由白色方块变为黑色方块，这9个参考点代表图形对象8个边框控制点和1个中心控制点。
- **副本**：控制变形对象的复制份数。在该文本框中，可以输入要复制的份数。比如输入2，就表示复制2个图形对象。

10.3.2 扭拧 重点

  "扭拧"效果以锚点为基础，将锚点从原图形对象上随机移动，并对图形对象进行随机的扭曲变换。因为这个效果应用于图形时带有随机性，所以每次应用所得到的扭拧效果会有一定的差别。选择要应用"扭拧"效果的图形对象，然后执行菜单栏中的"效果"|"扭曲和变换"|"扭拧"命令，打开如图 10.35 所示的"扭拧"对话框。

图10.35 "扭拧"对话框

"扭拧"对话框各选项的含义说明如下。

- **数量：**利用"水平"和"垂直"两个滑块，可以控制沿水平和垂直方向的扭曲量大小。选择"相对"单选按钮，表示扭曲量以百分比为单位，相对扭曲；选择"绝对"单选按钮，表示扭曲量以绝对数值cm（厘米）为单位，对图形进行绝对扭曲。
- **锚点：**控制锚点的移动。勾选该复选框，扭拧图形时将移动图形对象路径上的锚点位置；取消勾选，扭拧图形时将不移动图形对象路径上的锚点位置。
- **"导入"控制点：**勾选该复选框，移动路径上的进入锚点的控制点。
- **"导出"控制点：**勾选该复选框，移动路径上的离开锚点的控制点。

应用"扭拧"命令产生变换的前后效果如图 10.36 所示。

图10.36 "扭拧"变换的前后效果

10.3.3 扭转

"扭转"命令沿选择图形的中心位置将图形进行扭转变形。选择要扭转的图形后，执行菜单栏中的"效果"|"扭曲和变换"|"扭转"命令，将打开"扭转"对话框，在"角度"文本框中输入一个扭转的角度值，然后单击"确定"按钮，即可将选择的图形扭转。角度值越大，表示扭转的程度越大。如果输入的角度值为正值，则图形沿顺时针扭转；如果输入的角度值为负值，则图形沿逆时针扭转。图形扭转的效果如图 10.37 所示。

图10.37 图形扭转的效果

10.3.4 收缩和膨胀

"收缩和膨胀"命令可以使选择的图形以它的锚点为基础，向内或向外发生扭曲变形。选择要收缩和膨胀的图形对象，然后执行菜单栏中的"效果"|"扭曲和变换"|"收缩和膨胀"命令，打开如图 10.38 所示的"收缩和膨胀"对话框，对图形进行详细的扭曲设置。

图10.38 "收缩和膨胀"对话框

"收缩和膨胀"对话框各选项的含义说明如下。

- **收缩：**控制图形向内的收缩量。越靠近"收缩"端，图形的收缩效果越明显。图10.39所示为原图和收缩值分别为-10%、-35%的图形收缩效果。

图10.39 不同收缩效果

- **膨胀：**控制图形向外的膨胀量。越靠近"膨胀"端，图形的膨胀效果越明显。图10.40所示为原图和膨胀值分别为50%、100%的图形膨胀效果。

图10.40 不同膨胀效果

利用"收缩和膨胀"命令绘制四叶草

难　　度：★★	
素材文件：无	
案例文件：第10章\绘制四叶草.ai	
视频文件：第10章\练习10-3 利用"收缩和膨胀"命令绘制四叶草.avi	

01 选择工具箱中的"矩形工具" ▣，绘制一个矩形，将"填色"更改为绿色（R：114，G：204，B：18），"描边"为无，如图10.41所示。

图10.41 绘制矩形

02 选中矩形，执行菜单栏中的"效果"|"扭曲和变换"|"收缩和膨胀"命令，在弹出的对话框中将数值更改为偏膨胀100%，完成之后单击"确定"按钮，如图10.42所示。

图10.42 设置收缩和膨胀

03 将图形宽度适当增加并旋转，如图10.43所示。

04 选择工具箱中的"钢笔工具" ✐，绘制一条线

段，设置"填色"为无，"描边"为白色，"宽度"为0.5，如图10.44所示。

 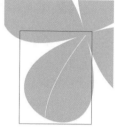

图10.43 旋转图形　　　　　图10.44 绘制线段

05 选中线段，在"透明度"面板中，将其模式更改为叠加，"不透明度"更改为30%，效果如图10.45所示。

06 选中线段，按住Alt键拖动将其复制3份，并适当旋转，如图10.46所示。

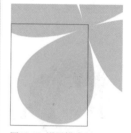 

图10.45 设置模式　　　　　图10.46 复制线段

07 选择工具箱中的"钢笔工具" ✐，绘制一条线段，设置"填色"为无，"描边"为绿色（R：81，G：132，B：15），"描边粗细"为5，这样就完成了四叶草制作，最终效果如图10.47所示。

图10.47 最终效果

10.3.5 波纹效果

"波纹效果"在图形对象的路径上均匀地添加若干锚点，然后按照一定的规律移动锚点的位置，形成规则的锯齿波纹效果。首先选择要应用"波纹效果"的图形对象，然后执行菜单栏中的"效果"|"扭曲和变换"|"波纹效果"命令，打开如图10.48所示的"波纹效果"对话框，对图形进行详细的扭曲设置。

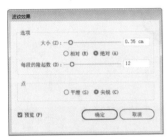

图10.48 "波纹效果"对话框

"波纹效果"对话框各选项的含义说明如下。

- **大小**：控制各锚点偏离原路径的扭曲程度。通过拖动"大小"滑块来改变扭曲的数值，值越大，扭曲的程度也就越大。当值为0时，不对图形实施扭曲变形。
- **每段的隆起数**：控制在原图形的路径上，均匀添加锚点的个数。可以通过拖动滑块来修改数值，也可以在右侧的文本框中直接输入数值，取值范围为0~100。
- **点**：控制锚点在路径周围的扭曲形式。选择"平滑"单选按钮，将产生平滑的边角效果；选择"尖锐"单选按钮，将产生锐利的边角效果。图10.49所示为原图和使用"平滑"与"尖锐"设置的效果。

图10.49 图形的波纹效果

10.3.6 粗糙化

"粗糙化"效果在图形对象的路径上添加若干锚点，然后随机地将这些锚点移动一定的位置，以制作出随机粗糙的锯齿状效果。要应用"粗糙化"效果，首先选择要应用该效果的图形对象，然后执行菜单栏中的"效果"|"扭曲和变换"|"粗糙化"命令，打开"粗糙化"对话框。在该对话框中设置合适的参数，然后单击"确定"按钮，即可对选择的图形应用粗糙化。粗糙化图形操作效果如图10.50所示。

图10.50 粗糙化图形操作效果

> **提示**
>
> "粗糙化"对话框中的参数与"波纹效果"对话框中的参数用法相同，这里不再赘述。

10.3.7 自由扭曲

"自由扭曲"工具与工具箱中的"自由变形工具" 用法很相似，可以对图形进行自由扭曲变形。选择要自由扭曲的图形对象，然后执行菜单栏中的"效果"|"扭曲和变换"|"自由扭曲"命令，打开"自由扭曲"对话框。在该对话框中，可以使用鼠标拖动控制框上的4

个控制柄来调节图形的扭曲效果。如果对调整的效果不满意，想恢复默认效果，可以单击"重置"按钮，将其恢复到初始效果。扭曲完成后单击"确定"按钮，即可提交扭曲变形效果。自由扭曲图形的操作效果如图 10.51 所示。

图10.51 自由扭曲图形的操作效果

10.4 风格化效果

"风格化"特效主要对图形对象添加特殊的图形效果，如内发光、圆角、外发光、投影和添加箭头等效果。这些特效的应用可以为图形增添更加生动的艺术氛围。

10.4.1 内发光 重点

"内发光"命令可以在选定图形的内部添加光晕效果，与"外发光"效果正好相反。选择要添加内发光的图形对象，然后执行菜单栏中的"效果"|"风格化"|"内发光"命令，打开如图 10.52 所示的"内发光"对话框，对内发光进行详细的设置。

图10.52 "内发光"对话框

"内发光"对话框各选项的含义说明如下。

- **模式**：从该下拉列表中，设置内发光颜色的混合模式。
- **颜色块**：控制内发光的颜色。单击颜色块，可以打开"拾色器"对话框，用来设置发光的

颜色。

- **不透明度**：控制内发光颜色的不透明度。可以通过微调按钮选择一个不透明度值，也可以直接在文本框中输入一个需要的值。值越大，发光的颜色越不透明。
- **模糊**：设置内发光颜色的边缘柔和程度。值越大，边缘柔和的程度也就越大。
- **"中心"和"边缘"**：控制发光的位置。选择"中心"单选按钮，表示发光的位置为图形的中心。选择"边缘"单选按钮，表示发光的位置为图形的边缘。

图 10.53 所示为图形应用内发光后的不同显示效果。

（a）原图　　　（b）中心　　　（c）边缘

图10.53 应用内发光后的不同显示效果

10.4.2 圆角

　　"圆角"命令可以将图形对象的尖角变成为圆角效果。选择要应用"圆角"效果的图形对象，然后执行菜单栏中的"效果"|"风格化"|"圆角"命令，打开"圆角"对话框。通过修改"半径"的值，来确定图形圆角的大小。输入的值越大，图形对象的圆角程度也就越大。这里在"半径"文本框中输入10mm，然后单击"确定"按钮，应用的圆角效果如图10.54所示。

图10.54 圆角效果

10.4.3 外发光

　　"外发光"与"内发光"效果相似，只是"外发光"在选定图形的外部添加光晕效果。要使用外发光，首先选择一个图形对象，然后执行菜单栏中的"效果"|"风格化"|"外发光"命令，打开"外发光"对话框。在该对话框中设置好外发光的相关参数，单击"确定"按钮，即可为选定的图形添加外发光效果。添加外发光效果的操作过程如图10.55所示。

图10.55 添加外发光效果

练习10-4 利用发光命令制作霓虹字

难　度：	★ ★
素材文件：	无
案例文件：	第10章\制作霓虹字

视频文件：第10章\练习10-4 利用发光命令制作霓虹字.avi

01 选择工具箱中的"矩形工具" ▢ ，绘制一个与画板相同大小的矩形，将"填色"更改为蓝色（R：0，G：26，B：45），"描边"为无。

02 选择工具箱中的"文字工具" T ，添加文字（华文琥珀），如图10.56所示。 在文字上单击鼠标右键，从弹出的快捷菜单中选择"创建轮廓"命令。

图10.56 添加文字

03 选中文字，执行菜单栏中的"效果"|"风格化"|"内发光"命令，在弹出的"内发光"对话框中将"模式"更改为叠加，颜色块更改为白色，"不透明度"更改为100%，"模糊"更改为3px，完成之后单击"确定"按钮，如图10.57所示。

图10.57 设置内发光

04 选中文字，执行菜单栏中的"效果"|"风格化"|"外发光"命令，在弹出的"外发光"对话框中将"模式"更改为柔光，颜色块更改为白色，"不透明度"更改为100%，"模糊"更改为8px，如图10.58所示。完成之后单击"确定"按钮，这样就完成了霓虹字制作，最终效果如图10.59所示。

图10.58 设置外发光

图10.59 最终效果

10.4.4 投影 重点

"投影"命令可以为选择的图形对象添加一个阴影，以增加图形的立体效果。要为图形对象添加投影效果，首先选择该图形对象，然后执行菜单栏中的"效果"|"风格化"|"投影"命令，打开如图10.60所示的"投影"对话框，对图形的投影参数进行设置。

图10.60 "投影"对话框

"投影"对话框各选项的含义说明如下。

- **模式**：从该下拉列表中，设置投影的混合模式。
- **不透明度**：控制投影颜色的不透明度。可以通过微调按钮选择一个不透明度值，也可以直接在文本框中输入一个需要的值。取值范围为0~100%，值越大，投影的颜色越不透明。
- **X位移**：控制阴影相对于原图形在X轴上的位移量。输入正值，阴影向右偏移；输入负值，阴影向左偏移。
- **Y位移**：控制阴影相对于原图形在Y轴上的位移量。输入正值阴影，向下偏移；输入负值，阴影向上偏移。
- **模糊**：设置阴影颜色的边缘柔和程度。值越大，边缘柔和的程度也就越大。
- **"颜色"和"暗度"**：控制阴影的颜色。选择"颜色"单选按钮，可以单击右侧的颜色块，打开"拾色器"对话框来设置阴影的颜色。选择"暗度"单选按钮，可以在右侧的文本框中设置阴影的明暗程度。

图10.61所示为图形添加投影的操作过程。

图10.61 图形添加投影

10.4.5 涂抹

"涂抹"命令可以将选定的图形对象转换成类似手动涂抹的手绘效果。选择要应用"涂抹"效果的图形对象，然后执行菜单栏中的"效果"|"风格化"|"涂抹"命令，打开如图10.62所示的"涂抹选项"对话框，对图形进行详细的涂抹设置。

图10.62 "涂抹选项"对话框

　　"涂抹选项"对话框各选项的含义说明如下。

- **设置**：从该下拉列表中，可以选择预设的涂抹效果，包括涂鸦、密集、松散、波纹、锐利、素描、缠结、泼溅、紧密和蜿蜒等多个选项。
- **角度**：指定涂抹效果的角度。
- **路径重叠**：设置涂抹线条在图形对象的内侧、中央或是外侧。当值小于0时，涂抹线条在图形对象的内侧；当值大于0时，涂抹线条在图形对象的外侧。如果想让涂抹线条重叠产生随机的变化效果，可以修改下方的"变化"参数，值越大，重叠效果越明显。
- **描边宽度**：指定涂抹线条的粗细。
- **曲度**：指定涂抹线条的弯曲程度。如果想让涂抹线条的弯曲度产生随机的弯曲效果，可以修改下方的"变化"参数，值越大，弯曲的随机化程度越明显。
- **间距**：指定涂抹线条之间的间距。如果想让线条之间的间距产生随机效果，可以修改下方的"变化"参数，值越大，涂抹线条的间距变化越明显。

　　图10.63所示为几种常见预设的涂抹效果。

（a）原图

（b）默认值

（c）涂鸦

（d）密集

（e）松散

（f）波纹

（g）锐利

（h）素描

（i）缠结

（j）泼溅

（k）紧密

（l）蜿蜒

图10.63 预设的涂抹效果

10.4.6 羽化

　　"羽化"命令主要为选定的图形对象创建柔和的边缘效果。选择要应用"羽化"效果的图形对象，然后执行菜单栏中的"效果"|"风格化"|"羽化"命令，打开"羽化"对话框。在"半径"文本框中输入一个羽化的数值，"半径"的值越大，图形的羽化程度也越大。设置完成后，单击"确定"按钮，即可完成图形的羽化操作。羽化图形的操作效果如图10.64所示。

图10.64 羽化图形操作效果

10.5 栅格化效果

"栅格化"命令主要是将矢量图形转化为位图，前面已经讲解过，有些滤镜和效果是不能对矢量图应用的。如果想应用这些滤镜和效果，就需要将矢量图转换为位图。

要想将矢量图转换为位图，首先选择要转换的矢量图形，然后执行菜单栏中的"效果"|"栅格化"命令，打开如图10.65所示的"栅格化"对话框，对转换的参数进行设置。

提示

"效果"菜单中的"栅格化"命令与"对象"菜单中的"栅格化"命令是一样的。

图10.65　"栅格化"对话框

"栅格化"对话框各选项的含义说明如下。

- **颜色模型**：指定栅格化处理图形使用的颜色模式，包括RGB、灰度和位图3种模式。
- **分辨率**：指定栅格化图形中，每一寸图形中的像素数目。一般来说，网页图像的分辨率为

72ppi；一般的打印效果的图像分辨率为150ppi；精美画册的打印分辨率为300ppi；根据使用的不同，可以选择不同的分辨率，也可以选择"其他"选项，并在文本框中输入一个需要的分辨率值。

- **背景**：指定矢量图形转换时空白区域的转换形式。选择"白色"单选按钮，用白色来填充图形的空白区域；选择"透明"单选按钮，将图形的空白区域转换为透明效果，并制作出一个Alpha通道，如果将图形转存到Photoshop软件中，这个Alpha通道将被保留下来。
- **消除锯齿**：指定在栅格化图形时，使用哪种方式来消除锯齿效果，包括"无""优化图稿（超像素取样）"和"优化文字（提示）"3个选项。选择"无"选项，表示不使用任何消除锯齿的方法；选择"优化图稿（超像素取样）"选项，表示以最优化线条图的形式消除锯齿现象；选择"优化文字（提示）"选项，表示以最适合文字优化的形式消除锯齿效果。
- **创建剪切蒙版**：勾选该复选框，将创建一个栅格化图像为透明的背景蒙版。
- **添加……环绕对象**：在该文本框中输入数值，指定在栅格化后图形周围出现的环绕对象的范围大小。

10.6 像素化效果

使用"像素化"子菜单中的命令可以使组成图像的最小色彩单位——像素点在图像中按照不同的类型进行重新组合或有机地分布，使画面呈现出不同类型的像素组合效果。其中包括"彩色半调""晶格化""点状化"和"铜版雕刻"4种效果命令。

10.6.1 彩色半调

"彩色半调"命令可以模拟在图像的每个通道上使用放大的半调网屏效果。选择要应用"彩色半调"效果的图形对象，然后执行菜单栏中的"效果"|"像素化"|"彩色半调"命令，打开"彩色半调"对话框，如图 10.66 所示。

图10.66 "彩色半调"对话框

"彩色半调"对话框各选项的含义说明如下。

- 最大半径：输入半调网点的最大半径。
- 网角：决定每个通道所指定的网屏角度。对于灰度模式的图像，只能使用通道1；对于RGB图像，通道1为红色通道、通道2为绿色通道、通道3为蓝色通道；对于CMYK 图像，通道1为青色通道、通道2为洋红通道、通道3为黄色通道、通道4为黑色通道。

图 10.67 所示为应用"彩色半调"命令的图像前后画面对比效果。

图10.67 应用"彩色半调"命令前后对比效果

10.6.2 晶格化

"晶格化"命令可以将选定图形产生结晶体般的块状效果。选择要应用"晶格化"的图形对象，然后执行菜单栏中的"效果"|"像素化"|"晶格化"命令，打开"晶格化"对话框。通过修改"单元格大小"数值，确定晶格化图形的程度，数值越大，所产生的结晶体越大。图 10.68 所示为图形使用"晶格化"命令操作的效果。

图10.68 应用"晶格化"命令前后对比效果

10.6.3 点状化

"点状化"命令可以将图像中的颜色分解为随机分布的网点，如同点状化绘画一样。在"点状化"对话框中，可通过设置"单元格大小"数值，修改点块的大小。数值越大，产生的点块越大。图 10.69 所示为图形使用"点状化"命令操作的效果。

图10.69 应用"点状化"命令前后对比效果

10.6.4 铜版雕刻

"铜版雕刻"命令可以对图形使用各种点状、线条或描边效果。可以从"铜版雕刻"对话框的"类型"下拉列表中，选择铜版雕刻的类型。图 10.70 所示为图形使用"铜版雕刻"命令操作的效果。

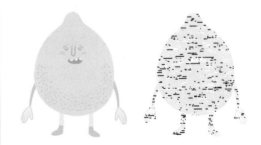

图10.70 应用"铜版雕刻"命令前后对比效果

10.7 扭曲效果

"扭曲"命令的主要功能是使图形产生扭曲效果，其中，既有平面的扭曲效果，也有三维或是其他变形效果。掌握扭曲效果的关键是搞清楚图像中像素扭曲前与扭曲后的位置变化。"扭曲"效果子菜单中包括"扩散亮光""海洋波纹"和"玻璃"3种扭曲命令。

10.7.1 扩散亮光

"扩散亮光"命令可以将图形渲染成如同透过一个柔和的扩散镜片来观看的效果，此命令将透明的白色杂色添加到图形中，并从中心向外渐隐亮光。该命令可以产生电影中常用的蒙太奇效果。"扩散亮光"对话框如图10.71所示。

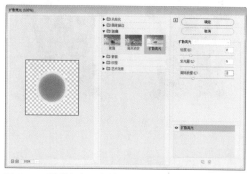

图10.71 "扩散亮光"对话框

"扩散亮光"对话框各选项的含义说明如下。

- 粒度：控制亮光中的颗粒密度。值越大，密度也就越大。
- 发光量：控制图形发光强度的大小。
- 清除数量：控制图形中受命令影响的范围。值越大，受到影响的范围越小，图形越清晰。

图10.72所示为使用"扩散亮光"命令的图形前后画面对比效果。

图10.72 应用"扩散亮光"命令前后对比效果

10.7.2 海洋波纹

"海洋波纹"效果可以模拟海洋表面的波纹，其波纹比较细小，且边缘有很多的抖动。"海洋波纹"对话框如图10.73所示。

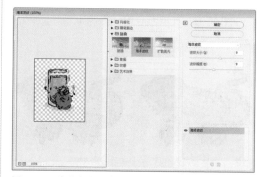

图10.73 "海洋波纹"对话框

"海洋波纹"对话框各选项的含义说明如下。

- 波纹大小：控制生成波纹的大小。值越大，生成的波纹越大。
- 波纹幅度：控制生成波纹的幅度。值越大，生成的波纹幅度就越大。

图10.74所示为使用"海洋波纹"命令的图形前后画面对比效果。

图10.74 应用"海洋波纹"命令前后对比效果

10.7.3 玻璃

"玻璃"命令可以使图像生成看起来像毛玻璃的效果。"玻璃"对话框如图10.75所示。

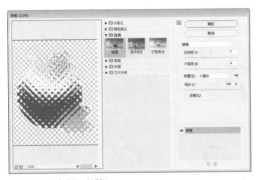

图10.75 "玻璃"对话框

"玻璃"对话框各选项的含义说明如下。

- **扭曲度**：控制图形的扭曲程度。值越大，图形扭曲越强烈。
- **平滑度**：控制图形的光滑程度。值越大，图形越光滑。
- **纹理**：控制图形的纹理效果。在右侧的下拉列表中，可以选择不同的纹理效果，包括"块状""画布""磨砂"和"小镜头"4种效果。
- **缩放**：控制图形生成纹理的大小。值越大，生成的纹理也就越大。
- **反相**：勾选该复选框，可以将生成的纹理的凹凸面进行反转。

图10.76所示为使用"玻璃"命令的图形前后画面对比效果。

图10.76 应用"玻璃"命令前后对比效果

10.8 其他效果

Illustrator不但提供了前面讲解的效果，还提供了模糊、画笔描边、素描、纹理、艺术和照亮边缘等效果，下面来讲解这些效果的应用。

10.8.1 模糊效果

"模糊"效果子菜单中的命令可以对图形进行模糊处理，它通过平衡图形中已定义的线条和遮蔽区域清晰边缘旁边的像素，使其显得柔和。模糊效果主要包括"径向模糊""特殊模糊"和"高斯模糊"3种，各种模糊效果如图10.77所示。

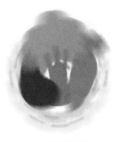

（a）原图　　　　　　（b）径向模糊

（c）特殊模糊　　　　（d）高斯模糊
图10.77 各种模糊效果

10.8.2 画笔描边效果

　　"画笔描边"子菜单中的命令可以在图形中增加颗粒、杂色或纹理，从而使图像产生多样的绘画效果，创造出不同绘画效果的外观。画笔描边效果包括"喷溅""喷色描边""墨水轮廓""强化的边缘""成角的线条""深色线条""烟灰墨"和"阴影线"8种，各种命令应用在图形中的效果如图10.78所示。

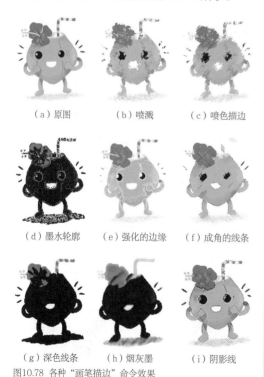

（a）原图　　　　（b）喷溅　　　　（c）喷色描边

（d）墨水轮廓　　（e）强化的边缘　　（f）成角的线条

（g）深色线条　　（h）烟灰墨　　　　（i）阴影线
图10.78 各种"画笔描边"命令效果

10.8.3 素描效果

　　"素描"子菜单中的命令主要用于给图形增加纹理，模拟素描、速写等艺术效果，包括"便条纸""半调图案""图章""基底凸现""影印""撕边""水彩画纸""炭笔""炭精笔""石膏效果""粉笔和炭笔""绘图笔""网状"和"铬黄"14种命令。各种"素描"命令应用效果如图10.79所示。

（a）原图　　　　（b）便条纸　　　　（c）半调图案

（d）图章　　　　（e）基底凸现　　　　（f）影印

（g）撕边　　　　（h）水彩画纸　　　　（i）炭笔

（j）炭精笔　　　　（k）石膏效果　　　　（l）粉笔和炭笔

（m）绘图笔　　　　（n）网状　　　　（o）铬黄
图10.79 各种"素描"命令效果

10.8.4 纹理效果

　　使用"纹理"子菜单中的命令可使图形

表面产生特殊的纹理或材质效果，包括"拼缀图""染色玻璃""纹理化""颗粒""马赛克拼贴"和"龟裂缝"6种命令。各种"纹理"命令应用效果如图10.80所示。

料包装""壁画""干画笔""底纹效果""彩色铅笔""木刻""水彩""海报边缘""海绵""涂抹棒""粗糙蜡笔""绘画涂抹""胶片颗粒""调色刀"和"霓虹灯光"15种命令。各种"艺术效果"命令应用效果如图10.81所示。

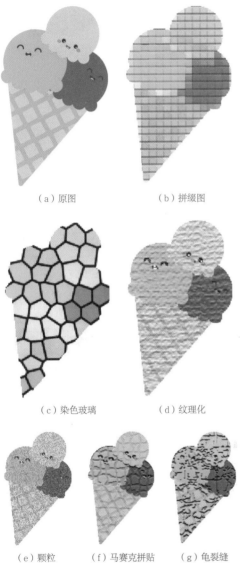

（a）原图　　　　　　（b）拼缀图

（c）染色玻璃　　　　（d）纹理化

（e）颗粒　　（f）马赛克拼贴　　（g）龟裂缝

图10.80 各种"纹理"命令应用效果

10.8.5 艺术效果

使用"艺术效果"子菜单中的命令可以使图形产生多种不同风格的艺术效果，包括"塑

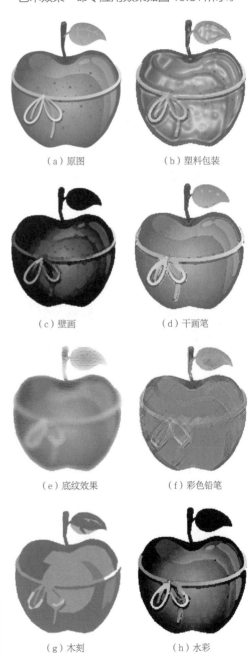

（a）原图　　　　　　（b）塑料包装

（c）壁画　　　　　　（d）干画笔

（e）底纹效果　　　　（f）彩色铅笔

（g）木刻　　　　　　（h）水彩

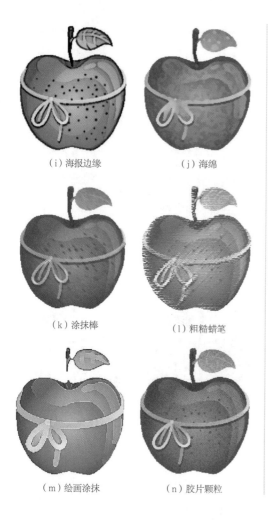

（i）海报边缘 　　　　　（j）海绵

（k）涂抹棒 　　　　　（l）粗糙蜡笔

（m）绘画涂抹 　　　　　（n）胶片颗粒

（o）调色刀 　　　　　（p）霓虹灯光

图10.81 各种"艺术效果"命令应用效果

10.8.6 照亮边缘效果

　　Photoshop 效果的"风格化"子菜单中只有一个"照亮边缘"效果命令，"照亮边缘"可以对画面中的像素边缘进行搜索，然后使其产生类似霓虹灯光照亮的效果。照亮边缘前后效果如图 10.82 所示。

图10.82 照亮边缘前后效果

10.9 拓展训练

　　"效果"菜单中主要是 Illustrator 制作特效的一些命令，在特效制作中非常常用。鉴于它的重要性，本章有针对性地安排了两个特效设计案例，作为拓展训练以供练习，用于强化前面所学的知识，提升对"效果"菜单命令的认知能力。

训练10-1 利用"扭转"和"扭拧"命令制作锯齿文字

◆实例分析

　　本例主要讲解利用"扭曲和变换"子菜单中的"扭转""粗糙化"和"扭拧"命令，制作出锯齿文字效果，如图 10.83 所示。

难　　度：★ ★ ★
素材文件：第 10 章 \ 绕转 .ai
案例文件：第 10 章 \ 锯齿文字 .ai
视频文件：第 10 章 \ 训练 10-1　利用"扭转"和"扭拧"命令制作锯齿文字 .avi

图10.83　最终效果

◆本例知识点

1．"扭转"命令
2．"粗糙化"命令
3．"扭拧"命令

◆实例分析

　　本例主要讲解利用"粗糙化"命令制作喷溅墨滴效果，如图 10.84 所示。

难　　度：★ ★ ★
素材文件：无
案例文件：第 10 章 \ 制作喷溅墨滴 .ai
视频文件：第 10 章 \ 训练 10-2　利用"粗糙化"命令制作喷溅墨滴 .avi

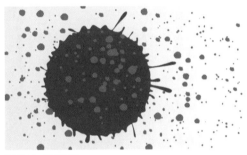

图10.84　最终效果

◆本例知识点

1．"粗糙化"命令
2．"扩展"命令

第 4 篇

实战篇

第 **11** 章

淘宝宣传图设计

本章主要针对时下流行的淘宝电商装修而重点打造，通过 banner 设计、包包专题设计和轮播图设计 3 个实例，从详细的文字说明到直观的效果展示，全面解读网店装修中常见的手法及技巧，真正达到一针见血的学习目的。

教学目标

学习 banner 设计技巧

掌握包包专题设计方法

掌握主题轮播图设计技巧

◆**实例分析**

　　本例讲解服装上新 banner 设计，在设计过程中，以时尚图像作为背景，同时服装素材图像十分直观，利用线条及图形作装饰，使整个 banner 有很强的设计感。最终效果如图11.1 所示。

难　　度: ★ ★ ★
素材文件: 第 11 章 \ 服装上新 banner 设计
案例文件: 第 11 章 \ 服装上新 banner 设计 .ai
视频文件: 第 11 章 \11.1 服装上新 banner 设计 .avi

图11.1 最终效果

◆**本例知识点**

1. "矩形工具"　
2. "直线段工具"　
3. "投影"命令

◆**操作步骤**

11.1.1 主题背景制作

01 执行菜单栏中的"文件"|"新建"命令，在弹出的对话框中设置"宽度"为800像素，"高度"为400像素，"颜色模式"为RGB，新建一个画板。

02 执行菜单栏中的"文件"|"打开"命令，打开"背景.jpg"文件，将打开的素材拖入画板适当位置并适当缩小，如图11.2所示。

图11.2 添加素材

03 选择工具箱中的"矩形工具" ，绘制一个与画板相同大小的矩形，将"填色"更改为黑色，"描边"为无，将矩形"不透明度"更改为90%，如图11.3所示。

图11.3 绘制矩形

04 选择工具箱中的"矩形工具" ，绘制一个矩形并移至左上角后适当旋转，将"填色"更改为红色（R: 255，G: 29，B: 37），"描边"为无，如图11.4所示。

图11.4 绘制图形

05 选中上一步绘制的矩形，按住Alt键向右下角拖动，将图形复制，如图11.5所示。

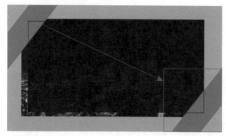

图11.5 复制图形

06 在图像中间区域再次绘制一个矩形并适当旋转，如图11.6所示。

图11.6 绘制图形

07 选择工具箱中的"直线段工具"✏，在适当位置绘制一条线段，设置"填色"为无，"描边"为红色（R：255，G：29，B：37），"描边粗细"为2，如图11.7所示。

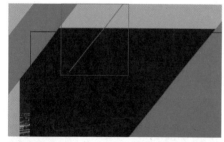

图11.7 绘制线段

08 在画布中按住Alt键拖动，将线段复制多份，如图11.8所示。

图11.8 复制线段

09 选择工具箱中的"矩形工具"▢，绘制一个矩形并移至红色矩形下方，将"填色"更改为无，"描边"为灰色（R：128，G：128，B：128），"描边粗细"为6，如图11.9所示。

图11.9 绘制图形

提示

> 按Ctrl+[快捷键可将对象向下移动一层，按Ctrl+Shift+[快捷键可将对象移至最底部，按Ctrl+]快捷键可将对象向上移动一层，按Ctrl+Shift+]快捷键可将对象移至最上方。

11.1.2 添加文字及素材元素

01 选择工具箱中的"文字工具"**T**，添加文字（Adobe 宋体 Std L、方正兰亭黑_GBK），如图11.10所示。

02 选择工具箱中的"矩形工具"▢，绘制一个矩形，将"填色"更改为红色（R：255，G：29，B：37），"描边"为无，如图11.11所示。

图11.10 添加文字　　　　图11.11 绘制矩形

03 选择工具箱中的"文字工具"**T**，继续添加文字，如图11.12所示。

04 执行菜单栏中的"文件"|"打开"命令，打开"羽绒服.png"文件，将打开的素材拖入画板适当位置并适当缩小，如图11.13所示。

图11.12 添加文字

图11.13 添加素材

05 选中羽绒服素材图像，执行菜单栏中的"效果"|"风格化"|"投影"命令，在弹出的"投影"对话框中将"X位移"更改为7px，"Y位移"更改为7px，"模糊"更改为5px，完成之后单击"确定"按钮，如图11.14所示。

图11.14 设置投影

06 选中之前绘制的与画布相同大小的矩形，再按Ctrl+F快捷键将其粘贴，按Ctrl+Shift+[快捷键将对象移至最上方，如图11.15所示。

图11.15 复制图形

07 同时选中所有对象，单击鼠标右键，从弹出的快捷菜单中选择"建立剪切蒙版"命令，将部分图像隐藏，最终效果如图11.16所示。

图11.16 最终效果

11.2 包包专题设计

◆实例分析

　　本例讲解包包专题设计，以突出包包主题为主，采用粉色作为主色调，再添加素材图像与变形文字相结合，使整体效果相当出色。最终效果如图 11.17 所示。

难　　度：★ ★ ★
素材文件：第 11 章 \ 包包专题设计
案例文件：第 11 章 \ 包包专题设计 .ai
视频文件：第 11 章 \11.2 包包专题设计 .avi

图11.17 最终效果

◆本例知识点

1．"椭圆工具" ○
2．"钢笔工具" ✐
3．"创建剪切蒙版"命令

◆操作步骤

11.2.1 制作主题背景

01 执行菜单栏中的"文件"|"新建"命令，在弹出的对话框中设置"宽度"为700像素，"高度"为350像素，"颜色模式"为RGB，新建一个画板。

02 选择工具箱中的"矩形工具" ■，绘制一个与画板相同大小的矩形，将"填色"更改为粉色（R：250，G：215，B：233），"描边"为无。

03 执行菜单栏中的"文件"|"打开"命令，打开"相框.jpg、包包.png、云.png"文件，将打开的素材拖入画板适当位置，如图11.18所示。

图11.18 添加素材

04 选中相框素材图像，执行菜单栏中的"效果"|"风格化"|"投影"命令，在弹出的"投影"对话框中将"X位移"更改为1px，"Y位移"更改为1px，"模糊"更改为2px，完成之后单击"确定"按钮，如图11.19所示。

图11.19 设置投影

05 选中包包素材图像，执行菜单栏中的"效果"|"风格化"|"投影"命令，在弹出的"投影"对话框中将"X位移"更改为5px，"Y位移"更改为5px，"模糊"更改为5px，完成之后单击"确定"按钮，如图11.20所示。

图11.20 设置投影

11.2.2 添加主题文字信息

01 选择工具箱中的"文字工具" T，添加文字，如图11.21所示。

图11.21 添加文字

02 选择工具箱中的"钢笔工具" ✐，在文字左上角绘制一个不规则图形，设置"填色"为白色，"描边"为无，如图11.22所示。

03 选中图形，按住Alt键向右下角拖动，将图形复制后并适当旋转，如图11.23所示。

图11.22 绘制图形　　　　图11.23 复制图形

04 同时选中文字及绘制的图形，执行菜单栏中的"效果"|"风格化"|"投影"命令，在弹出的"投影"对话框中将"X位移"更改为1px，"Y位移"更改为2px，"模糊"更改为3px，"颜色"更改为粉色（R：214，G：112，B：170），完成之后单击"确定"按钮，如图11.24所示。

图11.24 设置投影

05 选择工具箱中的"圆角矩形工具" ，绘制一个圆角矩形。

06 选择工具箱中的"渐变工具" ，在图形上拖动为其填充粉色（R：254，G：149，B：191）到黄色（R：255，G：253，B：98）的线性渐变，如图11.25所示。

图11.25 绘制图形并填充线性渐变

07 选择工具箱中的"文字工具" **T**，添加文字（方正正粗黑简体），按Ctrl+C快捷键将其复制，如图11.26所示。

08 选中文字，在控制栏中将"描边"更改为白色，"描边粗细"为2，如图11.27所示。

图11.26 添加文字　　　　图11.27 添加描边

09 按Ctrl+F快捷键粘贴文字，再同时选中文字及图形适当旋转，如图11.28所示。

图11.28 粘贴文字并适当旋转

11.2.3 添加装饰元素

01 选择工具箱中的"钢笔工具" ，绘制一个箭头，设置"填色"为无，"描边"为青色（R：80，G：214，B：255），如图11.29所示。

图11.29 绘制箭头

02 选中绘制的箭头，执行菜单栏中的"效果"|"风格化"|"投影"命令，在弹出的"投影"对话框中将"X位移"更改为1px，"Y位移"更改为1px，"模糊"更改为1px，"颜色"更改为粉色（R：214，G：112，B：170），完成之后单击"确定"按钮，如图11.30所示。

图11.30 设置投影

03 选中箭头，按住Alt键向右侧拖动，将其复制两份，并分别更改其颜色，如图11.31所示。

04 选择工具箱中的"椭圆工具" ，将"填色"更改为粉色（R：255，G：182，B：229），"描边"为无，在文字左侧位置按住Shift键绘制一个正圆图形，如图11.32所示。

图11.31 复制图形　　　图11.32 绘制正圆图形

05 选择工具箱中的"矩形工具"▭，在正圆左侧位置绘制一个细长矩形，如图11.33所示。

06 选中矩形，按住Alt键向右侧拖动，将其复制，如图11.34所示。

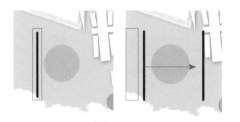

图11.33 绘制矩形　　　图11.34 复制矩形

07 同时选中两个矩形，执行菜单栏中的"对象"|"混合"|"混合选项"命令，在弹出的"混合选项"对话框中将"指定的步数"更改为8，完成之后单击"确定"按钮，如图11.35所示。

图11.35 设置混合选项

08 同时选中两个细长矩形，执行菜单栏中的"对象"|"混合"|"建立"命令，建立混合，如图11.36所示。

图11.36 建立混合

09 选中混合后的图形，执行菜单栏中的"对象"|"扩展"命令，在弹出的"扩展"对话框中

确认勾选"对象"及"填充"复选框，完成之后单击"确定"按钮，如图11.37所示，然后将细长矩形适当旋转，如图11.38所示。

图11.37 设置扩展　　　图11.38 旋转图形

10 同时选中混合图形及下方正圆，在"路径查找器"面板中，单击"减去顶层"按钮▣减去顶层，如图11.39所示。

11 选择工具箱中的"椭圆工具"○，将"填色"更改为黄色（R：255，G：250，B：184），"描边"为无，按住Shift键绘制一个正圆图形，如图11.40所示。

图11.39 减去顶层　　　图11.40 绘制正圆图形

12 选中圆形，按Ctrl+C快捷键将其复制，再按Ctrl+F快捷键将其粘贴，将粘贴的圆形"填充"更改为无，"描边"更改为黄色（R：255，G：250，B：184），"描边粗细"为2，再将图形等比放大，如图11.41所示。

13 以同样方法在画板右上角区域绘制几个相似图形，如图11.42所示。

图11.41 复制图形　　　图11.42 绘制图形

绘制右上角的图形时，也可以将左侧的图形复制后更改颜色。

图11.44 复制图形

14 执行菜单栏中的"文件"|"打开"命令，打开"棒棒糖.png、糖果字母.png"文件，将打开的素材拖入画板适当位置，如图11.43所示。

图11.43 添加素材

16 同时选中所有对象，单击鼠标右键，从弹出的快捷菜单中选择"建立剪切蒙版"命令，将部分图像隐藏，最终效果如图11.45所示。

图11.45 最终效果

15 选中与画板相同大小的矩形，按Ctrl+C快捷键将其复制，再按Ctrl+F快捷键将其粘贴，然后按Ctrl+Shift+]快捷键将图形置于所有对象上方，如图11.44所示。

11.3 大促主题轮播图设计

◆实例分析

本例讲解大促主题轮播图设计，在制作过程中，以大促作为主题，通过制作立体文字与素材图像相结合，并添加装饰图形，令整个画面更加漂亮出色。最终效果如图 11.46 所示。

图11.46 最终效果

难　度： ★ ★ ★ ★
素材文件：第 11 章 \ 大促主题轮播图设计
案例文件：第 11 章 \ 大促主题轮播图设计 .ai
视频文件：第 11 章 \11.3 大促主题轮播图设计 .avi

◆本例知识点

1．"椭圆工具" ○
2．"高斯模糊"命令
3．"创建剪切蒙版"命令

◆操作步骤

11.3.1 制作主题文字

01 执行菜单栏中的"文件"|"新建"命令，在弹出的对话框中设置"宽度"为700像素，"高度"为350像素，"颜色模式"为RGB，新建一个画板。

02 选择工具箱中的"矩形工具"▭，绘制一个与画板相同大小的矩形。选择工具箱中的"渐变工具"▭，在图形上拖动为其填充紫色（R：174，G：2，B：56）到紫色（R：244，G：52，B：121）再到紫色（R：174，G：2，B：56）的线性渐变，如图11.47所示。

图11.47 填充渐变

03 选择工具箱中的"文字工具"**T**，添加文字（方正正粗黑简体），如图11.48所示。

图11.48 添加文字

> **提示**
>
> 在添加文字的过程中，注意需要将文字分为独立的个体。

04 选择工具箱中的"椭圆工具"⬭，将"填色"更改为紫色（R：204，G：21，B：87），"描边"为无，在最左侧"8"字旁边绘制一个椭圆图形，如图11.49所示。

图11.49 绘制椭圆图形

05 选中椭圆图形，执行菜单栏中的"效果"|"模糊"|"高斯模糊"命令，在弹出的对话框中将"半径"更改为10像素，完成之后单击"确定"按钮，操作效果如图11.50所示。

图11.50 设置高斯模糊

06 选中模糊图像，按Ctrl+C快捷键将其复制，再按Ctrl+F快捷键将其粘贴，按Ctrl+Shift+]快捷键将对象移至所有图层上方，如图11.51所示。

07 同时选中最上方数字与模糊图像，单击鼠标右键，从弹出的快捷菜单中选择"建立剪切蒙版"命令，将部分图像隐藏，如图11.52所示。

图11.51 复制文字

图11.52 建立剪切蒙版

08 选中"1"字，将其移至左侧的数字"8"上方，如图11.53所示。

图11.53 移动数字

09 以同样方法为其他几个文字制作相同阴影效果，如图11.54所示。

图11.54 制作阴影

10 同时选中所有文字，执行菜单栏中的"效果"|"风格化"|"投影"命令，在弹出的"投影"对话框中将"X位移"更改为3px，"Y位移"更改为3px，"模糊"更改为5px，"颜色"更改为粉色（R：214，G：112，B：170），完成之后单击"确定"按钮，如图11.55所示。

图11.55 设置投影

11 选择工具箱中的"文字工具"**T**，添加文字（方正汉真广标简体），如图11.56所示。

图11.56 添加文字

12 选中刚才添加的文字，执行菜单栏中的"效果"|"风格化"|"投影"命令，在弹出的"投影"对话框中将"X位移"更改为1px，"Y位移"更改为1px，"模糊"更改为2px，"颜色"更改为粉色（R：214，G：112，B：170），完成之后单击"确定"按钮，如图11.57所示。

图11.57 设置投影

11.3.2 添加详情文字信息

01 选择工具箱中的"矩形工具" ⬜，在刚才添加的文字下方绘制一个矩形。

02 选择工具箱中的"渐变工具" ⬛，在图形上拖动为其填充黄色（R：255，G：140，B：2）到黄色（R：255，G：254，B：0）再到黄色（R：255，G：140，B：2）的线性渐变，如图11.58所示。

图11.58 绘制图形并填充线性渐变

03 选择工具箱中的"添加锚点工具" ✎，在矩形左侧边缘中间单击添加锚点，如图11.59所示。

04 选择工具箱中的"锚点工具" ，单击添加的锚点，选择工具箱中的"直接选择工具" ，选中锚点向右侧拖动，将图形变形，如图11.60所示。

 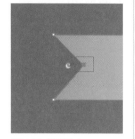

图11.59 添加锚点　　　　图11.60 拖动锚点

05 以同样方法在矩形右侧相对位置添加及拖动锚点，将图形变形，如图11.61所示。

06 选择工具箱中的"文字工具" ，在图形位置添加文字（方正兰亭中黑），如图11.62所示。

图11.61 将图形变形　　　　图11.62 添加文字

07 选中添加的文字，执行菜单栏中的"效果"|"风格化"|"投影"命令，在弹出的"投影"对话框中将"不透明度"更改为100%，"X位移"更改为1px，"Y位移"更改为0px，"模糊"更改为2px，"颜色"更改为粉色（R：214，G：112，B：170），完成之后单击"确定"按钮，如图11.63所示。

图11.63 设置投影

08 选择工具箱中的"矩形工具" ，在刚才添加的文字右侧空隙位置绘制一个矩形，将"填色"更改为白色，"描边"为无，如图11.64所示。

09 选中矩形，按Ctrl+Shift+E快捷键为其添加与文字相同的投影，如图11.65所示。然后再次选择"文字工具" ，在下方输入活动时间。

图11.64 绘制矩形　　　　图11.65 添加投影

10 执行菜单栏中的"文件"|"打开"命令，打开"灯.png"文件，将打开的素材拖入画板中文字左侧位置，如图11.66所示。

11 选中灯图像，按住Alt键向右侧拖动，将图像复制，如图11.67所示。

图11.66 添加素材　　　　图11.67 复制图像

11.3.3 添加装饰元素

01 执行菜单栏中的"文件"|"打开"命令，打开"棒棒糖.png、奶粉.png、瓶.png、球.png、圈.png、牙膏.png"文件，将打开的素材拖入画板中适当位置，如图11.68所示。

图11.68 添加素材

02 选中棒棒糖图像，执行菜单栏中的"效果"|"模糊"|"高斯模糊"命令，在弹出的对话框中将"半径"更改为5像素，完成之后单击"确定"按钮，如图11.69所示。

图11.69 设置模糊

03 选中瓶图像，在控制栏中将"不透明度"更改为10%，按住Alt键向右侧拖动，将图像复制，将复制生成的图像的"不透明度"更改为20%，如图11.70所示。

图11.70 复制图像

04 选中其中的一个图像，按Ctrl+C快捷键将其复制，再按Ctrl+F快捷键将其粘贴，将粘贴的图像的"不透明度"更改为100%，如图11.71所示。

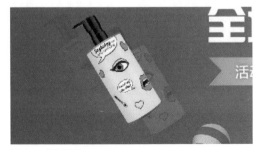

图11.71 复制图像

05 以同样方法分别为奶粉和牙膏制作出相同的效果，如图11.72所示。

图11.72 制作奶粉和牙膏图像效果

06 选择工具箱中的"椭圆工具" ⬭，将"填色"更改为黄色（R：255，G：224，B：0），"描边"为无，在牙膏图像旁边位置按住Shift键绘制一个正圆图形，如图11.73所示。

07 选中正圆，按住Alt键拖动将其复制，将复制生成的图形等比缩小，如图11.74所示。

图11.73 绘制正圆图形　　　　图11.74 复制图形

08 选择工具箱中的"椭圆工具" ⬭，将"填色"更改为无，"描边"为黄色（R：255，G：224，B：0），"描边粗细"为1，在右侧灯图像旁边位置按住Shift键绘制一个圆形图形，如图11.75所示。

09 选中圆形，按住Alt键向左侧拖动将其复制，将复制生成的图形等比缩小，如图11.76所示。

图11.75 绘制图形　　　　图11.76 复制图形

10 选择工具箱中的"直线段工具" ／，在左侧灯图像旁边位置绘制一条水平线段，设置"填色"为无，"描边"为黄色（R：255，G：224，B：0），"描边粗细"为2，如图11.77所示。

图11.77 绘制线段

11 选中线段，执行菜单栏中的"效果"|"扭曲和变换"|"波纹效果"命令，在弹出的对话框中将"大小"更改为1px，"每段的隆起数"更改为8，完成之后单击"确定"按钮，操作效果如图11.78所示。

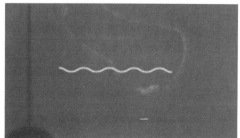

图11.78 设置波纹效果

12 选中波纹，按住Alt键向下方拖动将其复制，按Ctrl+D快捷键将波纹再复制1份，如图11.79所示。

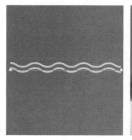

图11.79 复制波纹

13 同时选中3个波纹，按住Alt键向右下角拖动将其复制，如图11.80所示。

图11.80 复制波纹

14 选中与画板相同大小的矩形，按Ctrl+C快捷键将其复制，再按Ctrl+F快捷键将其粘贴，然后按Ctrl+Shift+]快捷键将图形置于所有对象上方，如图11.81所示。

图11.81 复制图形

15 同时选中所有对象，单击鼠标右键，从弹出的快捷菜单中选择"建立剪切蒙版"命令，将部分图像隐藏，最终效果如图11.82所示。

图11.82 最终效果

11.4 拓展训练

本章通过两个拓展训练，全面、系统地练习网店装修中的实战方法，为淘宝网店装修设计积累经验。

训练11-1 淘宝促销广告设计

◆实例分析

本例主要讲解的是淘宝促销图的制作，由于放射背景的应用，使整个设计具有强烈的视觉冲击力，广告主体信息量丰富，能够使人瞬间接收到促销信息。最终效果如图11.83所示。

难　　度	★ ★ ★ ★ ★
素材文件：第11章\淘宝促销广告设计	
案例文件：第11章\淘宝促销广告设计.ai	
视频文件：第11章\训练11-1 淘宝促销广告设计.avi	

图11.83 最终效果

◆本例知识点

1. "渐变工具"
2. "旋转工具"
3. "剪切蒙版"命令
4. "透视扭曲"命令

训练11-2 淘宝服饰广告图设计

◆实例分析

本例讲解服饰广告图设计，在设计过程中，以模特与服饰素材图像相结合，整个广告图表现出很强的主题风格，时尚流行的配色令整个广告图效果也十分出色。最终效果如图11.84所示。

难　　度	★ ★ ★ ★
素材文件：第11章\淘宝服饰广告图设计	
案例文件：第11章\淘宝服饰广告图设计.ai	
视频文件：第11章\训练11-2 淘宝服饰广告图设计.avi	

图11.84 最终效果

◆本例知识点

1. "钢笔工具"
2. "投影"命令
3. "路径查找器"面板

第**12**章

移动UI设计

本章主要详解移动 UI 及图标设计制作，图标是
具有明确指代含义的计算机图形，在 UI 界面中
主要指软件标识，是 UI 界面应用图形化的重要
组成部分；界面就是设计师赋予物体的新面孔，
是用户和系统进行双向信息交互的支持软件、硬
件以及方法的集合。不管是图标还是界面，在追
求华丽效果的同时，也应当符合大众审美标准。

教学目标

了解图标及界面的含义
掌握图标的设计方法
掌握界面的设计技巧

◆实例分析

　　本例讲解主题应用图标设计，在设计过程中，以柔和的色彩与圆形造型的图标相结合，整体的视觉感受十分舒适。最终效果如图12.1所示。

难　　度：★ ★ ★
素材文件：无
案例文件：第 12 章 \ 娱乐应用图标设计 .ai
视频文件：第 12 章 \12.1 娱乐应用图标设计 .avi

图12.1 最终效果

◆本例知识点

1．"圆角矩形工具" ▢
2．"椭圆工具" ⬭
3．"内发光"与"外发光"命令

◆操作步骤

12.1.1 绘制图标轮廓

01 执行菜单栏中的"文件"|"新建"命令，在弹出的对话框中设置"宽度"为500像素，"高度"为350像素，"颜色模式"为RGB，新建一个画板。

02 选择工具箱中的"矩形工具" ▢，绘制一个矩形。选择工具箱中的"渐变工具" ▨，在图形上拖动为其填充浅红色（R：255，G：241，B：244）到红色（R：251，G：174，B：200）的线性渐变，如图12.2所示。

图12.2 绘制矩形并填充线性渐变

03 选择工具箱中的"圆角矩形工具" ▢，绘制一个圆角矩形。选择工具箱中的"渐变工具" ▨，在图形上拖动为其填充紫色（R：255，G：108，B：112）到紫色（R：250，G：58，B：150）的线性渐变，如图12.3所示。

图12.3 绘制圆角矩形并填充线性渐变

04 选中圆角矩形，执行菜单栏中的"风格化"|"投影"命令，在弹出的"投影"对话框中将"不透明度"更改为30%，"X位移"更改为0px，"Y位移"更改为20px，"模糊"更改为15px，"颜色"更改为紫色（R：91，G：0，B：54），完成之后单击"确定"按钮，如图12.4所示。

图12.4 设置投影

12.1.2 绘制细节图像

01 选择工具箱中的"椭圆工具" ⬭ ，将"填色"更改为无，"描边"为白色，"描边粗细"为50，按住Shift键绘制一个正圆图形，如图12.5所示。

图12.5 绘制正圆图形

02 选中圆形，执行菜单栏中的"效果"|"发光"|"内发光"命令，在弹出的"内发光"对话框中将"模式"更改为正常，"颜色"更改为紫色（R：214，G：30，B：131），"不透明度"更改为30%，"模糊"更改为5px，完成之后单击"确定"按钮，如图12.6所示。

图12.6 设置内发光

03 选中圆形，执行菜单栏中的"效果"|"发光"|"外发光"命令，在弹出的"外发光"对话框中将"模式"更改为正常，"颜色"更改为深紫色（R：45，G：0，B：30），"不透明度"更改为10%，"模糊"更改为6px，完成之后单击"确定"按钮，如图12.7所示。

图12.7 设置外发光

04 选择工具箱中的"矩形工具" ▭ ，在圆形右下角绘制一个矩形，将"填色"更改为白色，"描边"为无，如图12.8所示。

05 选择工具箱中的"自由变换工具" ⬚ ，将矩形透视变形，如图12.9所示。

 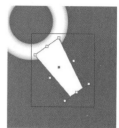

图12.8 绘制矩形　　　　　　图12.9 将图形变形

06 选择工具箱中的"椭圆工具" ⬭ ，将"填色"更改为白色，"描边"为无，在透视矩形右下角按住Shift键绘制一个正圆，如图12.10所示。

07 同时选中透视图形及正圆，在"路径查找器"面板中，单击"联集"按钮 ◼ ，对图形进行联集操作，如图12.11所示。

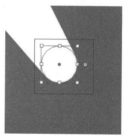 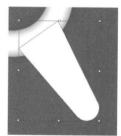

图12.10 绘制正圆　　　　　　图12.11 联集

08 将联集后的图形移至圆环图形下方，并为其添加与圆环相同的内发光及外发光效果，最终效果如图12.12所示。

图12.12 最终效果

◆实例分析

　　本例讲解音乐播放界面设计，在设计过程中，以音乐主题元素作为主视觉图像，同时时尚动感的色彩与整个界面相结合，使界面的整体产生很强的设计感。最终效果如图12.13所示。

难　　度：★★★★	
素材文件：第 12 章 \ 音乐播放界面设计	
案例文件：第 12 章 \ 音乐播放界面设计 .ai	
视频文件：第 12 章 \12.2 音乐播放界面设计 .avi	

图12.13 最终效果

◆本例知识点

1. "高斯模糊"命令
2. "钢笔工具"
3. "直线段工具"

◆操作步骤

12.2.1 制作主题背景

01 执行菜单栏中的"文件"|"新建"命令，在弹出的对话框中设置"宽度"为1080像素，"高度"为1920像素，"颜色模式"为RGB，新建一个画板。

02 选择工具箱中的"矩形工具"，绘制一个与画板相同大小的矩形，将"填色"更改为蓝色（R：7，G：12，B：89），"描边"为无。

03 执行菜单栏中的"文件"|"打开"命令，打开"专辑封面.jpg"文件，将打开的素材拖入画板中，如图12.14所示。

图12.14 添加素材

04 选中图像，执行菜单栏中的"效果"|"模糊"|"高斯模糊"命令，在弹出的对话框中将"半径"更改为80像素，完成之后单击"确定"按钮，操作效果如图12.15所示。

图12.15 模糊效果

05 选择工具箱中的"矩形工具" ▢，绘制一个矩形。选择工具箱中的"渐变工具" ▢，在图形上拖动为其填充白色到透明的线段渐变，如图12.16所示。

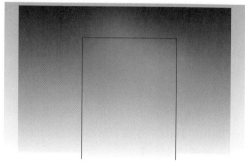

图12.16 绘制矩形并填充线性渐变

06 同时选中渐变图形及专辑图像，在"透明度"面板中，单击"制作蒙版"按钮，再单击缩览图，在图像中拖动降低模糊图像的不透明度，如图12.17所示。

07 选中与画板大小相同的矩形，按Ctrl+C快捷键将其复制，再按Ctrl+F快捷键将其粘贴，然后按Ctrl+Shift+]快捷键将其移至所有对象上方，如图12.18所示。

图12.17 制作蒙版　　　图12.18 复制图形

08 同时选中所有对象，单击鼠标右键，从弹出的快捷菜单中选择"建立剪切蒙版"命令，将部分图像隐藏，如图12.19所示。

09 执行菜单栏中的"文件"|"打开"命令，打开"状态栏.ai"文件，将打开的素材拖入画板中，如图12.20所示。

图12.19 建立剪切蒙版　　　图12.20 添加素材

10 选择工具箱中的"文字工具" **T**，添加文字（Century Gothic），如图12.21所示。

图12.21 添加文字

11 选择工具箱中的"直线段工具" ／，在刚才添加的文字左侧位置绘制一条水平线段，设置"填色"为无，"描边"为白色，"描边粗细"为3，如图12.22所示。

12 选中线段，按住Alt+Shift快捷键向右侧拖动，如图12.23所示。

图12.22 绘制线段　　　图12.23 复制线段

13 选择工具箱中的"钢笔工具" ✎，绘制一个箭头，设置"填色"为无，"描边"为白色，"描边粗细"为3，如图12.24所示。

图12.24 绘制箭头

14 选择工具箱中的"椭圆工具" ⬭，将"填色"更改为白色，"描边"为无，在右侧位置按住Shift键绘制一个正圆图形，如图12.25所示。

15 选中正圆，按住Alt+Shift快捷键向左侧拖动，按Ctrl+D快捷键再复制1份，如图12.26所示。

 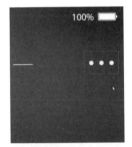

图12.25 绘制正圆图形   图12.26 复制图形

12.2.2 处理主视觉图像

01 选择工具箱中的"椭圆工具" ⬭，将"填色"更改为黑色，"描边"为无，在界面上半部分位置按住Shift键绘制一个正圆图形，在控制栏中将其"不透明度"更改为60%，如图12.27所示。

图12.27 绘制正圆图形

02 选中正圆图形，按Ctrl+C快捷键将其复制，再按Ctrl+F快捷键将其粘贴，将粘贴的图形等比缩小，如图12.28所示。

03 执行菜单栏中的"文件"|"打开"命令，打开"专辑封面.jpg"文件，将打开的素材拖入画板中圆形位置，如图12.29所示。

图12.28 复制图形   图12.29 添加素材

04 选中专辑封面图像，将其移至圆形下方。同时选中圆形及封面图像，单击鼠标右键，从弹出的快捷菜单中选择"建立剪切蒙版"命令，将部分图像隐藏，再双击图像将其稍微等比缩小，如图12.30所示。

图12.30 建立剪切蒙版

05 选择工具箱中的"文字工具" **T**，添加文字（Century Gothic），如图12.31所示。

06 选中下方文字，在控制栏中将其"不透明度"更改为30%，如图12.32所示。

图12.31 添加文字   图12.32 更改不透明度

07 选择工具箱中的"钢笔工具" ✐ ，绘制一条曲线，设置"填色"为无，"描边"为青色（R:0，G:147，B:186），"描边粗细"为2，如图12.33所示。

图12.33 绘制曲线

08 选中曲线，执行菜单栏中的"效果"|"风格化"|"外发光"命令，在弹出的"外发光"对话框中将"模式"更改为滤色，"颜色"更改为蓝色（R:0，G:140，B:255），"不透明度"更改为75%，"模糊"更改为3px，完成之后单击"确定"按钮，操作效果如图12.34所示。

图12.34 设置外发光

09 选中曲线，按Ctrl+C快捷键将其复制，再按Ctrl+F快捷键将其粘贴，将粘贴的曲线的"描边"更改为青色（R:0，G:255，B:255），如图12.35所示。

图12.35 复制曲线

12.2.3 绘制界面控件

01 选择工具箱中的"椭圆工具" ⬭ ，将"填色"更改为无，"描边"为白色，"描边粗细"为2，按住Shift键绘制一个正圆图形，如图12.36所示。

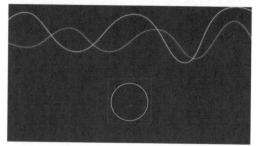
图12.36 绘制正圆图形

02 选择工具箱中的"矩形工具" ▭ ，绘制一个矩形，将"填色"更改为无，"描边"为白色，"描边粗细"为2，如图12.37所示。

03 选中矩形，按住Alt+Shift快捷键向右侧拖动，如图12.38所示。

图12.37 绘制矩形　　　　　图12.38 复制图形

04 选择工具箱中的"矩形工具" ▭ ，按住Shift键绘制一个正方形，将"填色"更改为无，"描边"为白色，"描边粗细"为2，如图12.39所示。

05 选择工具箱中的"旋转工具" ↻ ，选中正方形，按住Shift键将其旋转45°，如图12.40所示。

图12.39 绘制正方形　　　　图12.40 旋转图形

06 选择工具箱中的"删除锚点工具" ✎，单击正方形右侧的锚点，将其删除，如图12.41所示。

07 选中删除锚点后的图形，按住Alt+Shift快捷键向左侧拖动，如图12.42所示。

图12.41 删除锚点　　　　图12.42 复制图形

08 同时选中两个图形，按住Alt+Shift快捷键向右侧拖动，双击工具箱中的"镜像工具" ◁|，在弹出的对话框中选择"垂直"单选按钮，完成之后单击"确定"按钮，操作效果如图12.43所示。

图12.43 复制图形

09 选择工具箱中的"直线段工具" ╱，在界面靠底部位置绘制一条水平线段，设置"填色"为无，"描边"为黑色，"描边粗细"为5。按Ctrl+C快捷键将其复制，在控制栏中将其"不透明度"更改为50%，操作效果如图12.44所示。

图12.44 绘制线段

10 按Ctrl+F快捷键粘贴线段，将粘贴的线段的"描边"更改为青色（R：0，G：147，B：186)，再适当缩短其长度，如图12.45所示。

图12.45 粘贴线段

11 选择工具箱中的"椭圆工具" ◯，将"填色"更改为青色（R：0，G：147，B：186），"描边"为无，在线段靠右侧位置按住Shift键绘制一个正圆图形，如图12.46所示。

12 选择工具箱中的"文字工具" T，添加文字（Century Gothic），如图12.47所示。

图12.46 绘制正圆图形　　　图12.47 添加文字

13 选择工具箱中的"矩形工具" ▣，绘制一个矩形，将"填色"更改为蓝色（R：0，G：0，B：42)，"描边"为无，在控制栏中将其"不透明度"更改为50%，操作效果如图12.48所示。

图12.48 绘制矩形并更改不透明度

14 执行菜单栏中的"文件"|"打开"命令，打开"图标.ai"文件，将打开的素材拖入画板的下方位置，如图12.49所示。

15 选择工具箱中的"文字工具"**T**，添加文字（方正兰亭黑_GBK），如图12.50所示。

17 同时选中所有对象，单击鼠标右键，从弹出的快捷菜单中选择"建立剪切蒙版"命令，将部分图像隐藏，最终效果如图12.52所示。

图12.49 添加素材

图12.50 添加文字

16 选择工具箱中的"矩形工具"□，绘制一个与画板相同大小的矩形，如图12.51所示。

图12.51 绘制矩形

图12.52 最终效果

12.3 运动应用界面设计

◆ 实例分析

本例讲解运动应用界面设计，以突出运动主题为主，通过主题背景的处理与简洁直观的界面信息相结合，整体界面效果相当出色。最终效果如图 12.53 所示。

难　度：★★★★
素材文件：第 12 章\运动应用界面设计
案例文件：第 12 章\运动应用界面设计 .ai
视频文件：第 12 章\12.3 运动应用界面设计 .avi

图12.53 最终效果

◆ 本例知识点

1．"高斯模糊"命令
2．"椭圆工具" ◯
3．"文字工具" **T**

◆ 操作步骤

12.3.1 制作背景及状态栏

01 执行菜单栏中的"文件"|"新建"命令，在弹出的对话框中设置"宽度"为1080像素，"高度"为1920像素，"颜色模式"为RGB，新建一个画板。

02 执行菜单栏中的"文件"|"打开"命令，打开"背景.jpg"文件，将打开的素材拖入画板中并适当缩放到稍微超出画板范围，如图12.54所示。

03 选中图像，执行菜单栏中的"效果"|"模糊"|"高斯模糊"命令，在弹出的对话框中将"半径"更改为5像素，完成之后单击"确定"按钮，操作效果如图12.55所示。

图12.54 添加素材　　　　　图12.55 模糊效果

04 选择工具箱中的"矩形工具" ▢，绘制一个与画板相同大小的矩形，将"填色"更改为白色，"描边"为无，如图12.56所示。

05 同时选中矩形及背景图像，单击鼠标右键，从弹出的快捷菜单中选择"建立剪切蒙版"命令，将部分图像隐藏，如图12.57所示。

图12.56 绘制矩形　　　　　图12.57 建立剪切蒙版

06 选择工具箱中的"矩形工具" ▢，绘制一个矩形，将"填色"更改为蓝色（R：0，G：24，B：33），"描边"为无，如图12.58所示。

07 选中矩形，在控制栏中将其"不透明度"更改为50%，如图12.59所示。

图12.58 绘制矩形　　　　　图12.59 更改不透明度

08 执行菜单栏中的"文件"|"打开"命令，打开"状态栏.ai"文件，将打开的素材拖入画板中顶部位置并适当缩放，如图12.60所示。

图12.60 添加素材

09 选择工具箱中的"文字工具" **T**，添加文字（Humnst777 Lt BT Light），如图12.61所示。

10 选择工具箱中的"椭圆工具" ◯，将"填色"更改为无，"描边"为白色，"描边粗细"为2，按住Shift键绘制一个正圆图形，如图12.62所示。

图12.61 添加文字　　　　　图12.62 绘制正圆图形

11 选中圆形，按Ctrl+C快捷键将其复制，再按Ctrl+F快捷键将其粘贴，将粘贴的圆形等比缩小，如图12.63所示。

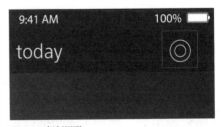

图12.63 复制图形

12.3.2 制作主视觉图像

01 选择工具箱中的"椭圆工具" ◯，将"填色"更改为无，"描边"为白色，"描边粗细"为2，按住Shift键绘制一个正圆图形，如图12.64所示。

02 选中圆形，按Ctrl+C快捷键将其复制，再按

Ctrl+F快捷键将其粘贴，将粘贴的圆形的"填充"更改为白色，"描边"更改为无，再将其等比缩小，如图12.65所示。

图12.64 绘制正圆图形　　　图12.65 复制图形

03 选择工具箱中的"渐变工具"，在图形上拖动为其填充绿色（R：147，G：217，B：44）到蓝色（R：40，G：150，B：201）的线性渐变，如图12.66所示。

04 执行菜单栏中的"文件"|"打开"命令，打开"头像.jpg"文件，将打开的素材拖入画板，如图12.67所示。

图12.66 填充渐变　　　　　图12.67 添加素材

05 选中图像，将其移至正圆下方。同时选中图像及圆形，单击鼠标右键，从弹出的快捷菜单中选择"建立剪切蒙版"命令，将部分图像隐藏，如图12.68所示。

06 双击图像，将其等比缩小，如图12.69所示。

图12.68 建立剪切蒙版　　　图12.69 缩小图像

07 选择工具箱中的"文字工具" T，添加文字（Candara），如图12.70所示。

图12.70 添加文字

08 选择工具箱中的"椭圆工具"，将"填色"更改为无，"描边"为白色，"描边粗细"为30，按住Shift键绘制一个正圆图形，如图12.71所示。

图12.71 绘制正圆图形

09 选择工具箱中的"添加锚点工具"，在圆环底部添加两个锚点，如图12.72所示。

10 选择工具箱中的"直接选择工具"，选中中间底部锚点，按Delete键将其删除，如图12.73所示。

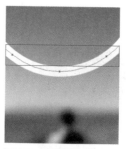

图12.72 添加锚点　　　　　图12.73 删除锚点

11 选中圆形，将其描边更改为"圆头端点"，再按Ctrl+C快捷键将其复制，之后将其"不透明度"更改为30%，如图12.74所示。

图12.74 更改端点

12 按Ctrl+F快捷键粘贴图形。选择工具箱中的"直接选择工具" ▷，选中粘贴的图形左侧锚点将其删除，如图12.75所示。

13 选择工具箱中的"渐变工具" ▣，在图形上拖动为其填充绿色（R: 145，G: 216，B: 47）到蓝色（R: 41，G: 151，B: 199）的线性渐变，如图12.76所示。

图12.75 粘贴图形　　　　图12.76 填充渐变

14 选择工具箱中的"文字工具" T，添加文字（Calibri），如图12.77所示。

图12.77 添加文字

15 选择工具箱中的"椭圆工具" ⬭，将"填色"更改为白色，"描边"为无，在界面左下方按住Shift键绘制一个正圆图形，将其"不透明度"更改为50%，如图12.78所示。

16 选中正圆图形，按Ctrl+C快捷键将其复制，再按Ctrl+F快捷键将其粘贴，将粘贴的图形的"不透明度"更改为100%，再将其"填色"更改为蓝色（R: 41，G: 151，B: 199），然后等比缩小，如图12.79所示。

图12.78 绘制正圆图形　　　　图12.79 复制图形

17 同时选中两个图形，按住Alt+Shift快捷键向右侧拖动，按Ctrl+D快捷键再复制1份，如图12.80所示。

图12.80 复制图形

18 分别更改复制生成的两个圆形的颜色，如图12.81所示。

19 选择工具箱中的"矩形工具" ▢，绘制一个矩形，将"填色"更改为白色，"描边"为无，如图12.82所示。

图12.81 更改颜色　　　　图12.82 绘制矩形

20 选中矩形，将其"不透明度"更改为50%，并将其所在图层移至3个圆形下方，如图12.83所示。

21 执行菜单栏中的"文件"|"打开"命令，打开"图标.ai"文件，将打开的素材拖入画板下方的适当位置，如图12.84所示。

图12.83 更改不透明度和顺序　　图12.84 添加素材

22 选择工具箱中的"文字工具"**T**，添加文字（Calibri），最终效果如图12.85所示。

图12.85 最终效果

12.4 拓展训练

　　本章通过两个拓展训练，包括一个图标实例和一个界面实例，帮助读者熟悉图标和界面的设计技巧，巩固加深 UI 设计技能。

训练12-1 社交应用图标设计

◆实例分析

　　本例讲解社交应用图标设计，本例中的图标以圆角矩形作为轮廓，将心形与定位图形相结合，表现出图标的主题。最终效果如图12.86所示。

难　　度：★★★	
素材文件：第 12 章＼社交应用图标设计	
案例文件：第 12 章＼社交应用图标设计 .ai	
视频文件：第 12 章＼训练 12-1 社交应用图标设计 .avi	

图12.86 最终效果

◆本例知识点

1．"圆角矩形工具"
2．"钢笔工具"
3．"镜像工具"

训练12-2 社交界面设计

◆实例分析

　　本例讲解社交界面设计，社交界面的表现形式多以突出个人资料为主，本例中的界面设计风格十分简洁，以简单的图形与精确的资料相结合。最终效果如图 12.87 所示。

难　　度：★ ★ ★ ★
素材文件：第 12 章 \ 社交界面设计
案例文件：第 12 章 \ 社交界面设计 .ai
视频文件：第 12 章 \ 训练 12-2 社交界面设计 .avi

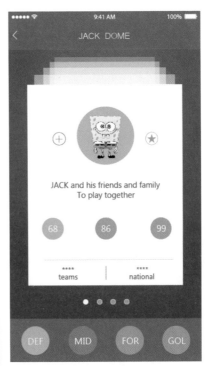

图12.87　最终效果

◆本例知识点

1．"矩形工具" ▢
2．"椭圆工具" ◯
3．"建立剪切蒙版"命令

第 **13** 章

商业包装设计

本章讲解商业包装设计与制作。商业包装是品牌理念及产品特性的综合反映，它直接影响到消费者的购买欲。包装的功能是保护商品，提高产品附加值。包装的设计原则是体现品牌特点，传达直观印象、漂亮图案、品牌形象及产品特点等。通过对本章的学习可以快速地掌握商业包装的设计方法与制作技巧。

教学目标

学习曲奇饼干包装设计技巧
掌握手提袋设计方法
掌握生鲜鱼肉包装设计技巧

◆实例分析

本例讲解曲奇饼干包装设计，在设计过程中，以简洁的配色与直观的文字信息相结合，完美表现出整个包装的特点。最终效果如图13.1所示。

难　　度：★★★★	
素材文件：第13章\曲奇饼干包装设计	
案例文件：第13章\曲奇饼干包装设计平面效果 .ai、曲奇饼干包装设计立体效果 .ai	
视频文件：第13章\13.1 曲奇饼干包装设计 .avi	

图13.1 最终效果

◆本例知识点

1. "直线段工具" ✏
2. "自由变换工具" ⊬
3. "透明度"面板

◆操作步骤

13.1.1 包装平面效果

01 执行菜单栏中的"文件"|"新建"命令，在弹出的对话框中设置"宽度"为500毫米，"高度"为300毫米，"颜色模式"为RGB，新建一个画板。

02 选择工具箱中的"矩形工具" ▣，绘制一个与画板相同大小的矩形，将"填色"更改为白色，

"描边"为无。

03 创建一条参考线，将其位置更改为X＝100，以同样方法在X＝200位置再次创建一条参考线，如图13.2所示。

图13.2 创建参考线

04 执行菜单栏中的"文件"|"打开"命令，打开"饼干.png"文件，将打开的素材拖入画板靠下方位置并适当缩小，如图13.3所示。

图13.3 添加素材

05 选择工具箱中的"矩形工具" ▣，绘制一个矩形，将"填色"更改为无，"描边"为绿色（R: 0，G: 104，B: 55），"描边粗细"为6，如图13.4所示。

06 选择工具箱中的"直线段工具" ✏，在矩形内部绘制一条线段，设置"填色"为绿色（R: 0，G: 104，B: 55），"描边粗细"为6，如图13.5所示。

图13.4 绘制矩形

图13.5 绘制线段

07 以同样方法绘制一条竖直线段，如图13.6所示。

08 选择工具箱中的"圆角矩形工具"⬜，绘制一个圆角矩形，设置"填色"为无，"描边"为绿色（R：0，G：104，B：55），"描边粗细"为6，如图13.7所示。

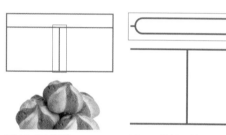

图13.6 绘制线段　　　　图13.7 绘制圆角矩形

09 选择工具箱中的"文字工具"**T**，添加文字（汉仪书魂体简、Franklin Gothic Medium），如图13.8所示。

10 执行菜单栏中的"文件"|"打开"命令，打开"标志.png"文件，将打开的素材拖入画板靠右位置并适当缩小，如图13.9所示。

图13.8 添加文字　　　　图13.9 添加素材

11 选择工具箱中的"矩形工具"⬜，在画板左侧绘制一个矩形，将"填色"更改为无，"描边"为

绿色（R：0，G：104，B：55），"描边粗细"为3，如图13.10所示。

12 选择工具箱中的"文字工具"**T**，添加文字，如图13.11所示。

图13.10 绘制矩形　　　　图13.11 添加文字

13 选择工具箱中的"矩形工具"⬜，在刚才添加的文字下方绘制一个矩形，将"填色"更改为绿色（R：0，G：104，B：55），"描边"为无，如图13.12所示。

14 选择工具箱中的"直线段工具"✏，在矩形下方位置绘制一条线段，设置"填色"为无，"描边"为绿色（R：0，G：104，B：55），"描边粗细"为1，如图13.13所示。

图13.12 绘制矩形　　　　图13.13 绘制线段

15 选中线段，按住Alt+Shift快捷键向下方拖动，按Ctrl+D快捷键再复制数份，如图13.14所示。

图13.14 复制线段

16 选择工具箱中的"文字工具" **T**，添加文字（方正兰亭黑_GBK），如图13.15所示。

17 选中曲奇图像，按住Alt键向左侧拖动，将图像复制并等比缩小，如图13.16所示。

图13.15 添加文字　　　图13.16 复制图像

18 同时选中左侧所有图文，按住Alt+Shift快捷键向右侧拖动将其复制，如图13.17所示。

图13.17 复制图文

13.1.2 包装立体效果

01 执行菜单栏中的"文件"|"新建"命令，在弹出的对话框中设置"宽度"为800毫米，"高度"为500毫米，"颜色模式"为RGB，新建一个画板。

02 选择工具箱中的"矩形工具" ，绘制一个与画板相同大小的矩形。选择工具箱中的"渐变工具" ，在图形上拖动为其填充灰色（R：190，G：190，B：190）到白色的线性渐变，如图13.18所示。

图13.18 填充渐变

03 执行菜单栏中的"文件"|"打开"命令，打开"包装正面.jpg"文件，将打开的素材拖入画板并适当缩小，如图13.19所示。

04 选中图像，选择工具箱中的"自由变换工具" ，将光标移至变形框左侧位置向上拖动，将其斜切变形，如图13.20所示。

图13.19 添加素材　　　图13.20 将图形变形

05 执行菜单栏中的"文件"|"打开"命令，打开"包装侧面.jpg"文件，将打开的素材拖入画板并适当缩小，然后以刚才同样的方法将图像斜切变形，如图13.21所示。

06 选择工具箱中的"钢笔工具" ，绘制一个不规则图形。选择工具箱中的"渐变工具" ，在图形上拖动为其填充白色到灰色（R：240，G：240，B：240）的线性渐变，如图13.22所示。

图13.21 添加素材　　　图13.22 绘制图形并填充线性渐变

07 选择工具箱中的"钢笔工具"✎，在包装图像右侧绘制一个不规则图形，将"填色"更改为灰色（R：232，G：232，B：232），"描边"为无，如图13.23所示。

08 选中不规则图形，在"透明度"面板中，将其模式更改为正片叠底，如图13.24所示。

图13.23 绘制图形　　　图13.24 更改混合模式

09 选择工具箱中的"钢笔工具"✎，在包装底部绘制一个不规则图形，将"填色"更改为黑色，"描边"为无，如图13.25所示。

10 执行菜单栏中的"效果"|"模糊"|"高斯模糊"命令，在弹出的对话框中将"半径"更改为5像素，完成之后单击"确定"按钮，模糊效果如图13.26所示。

图13.25 绘制图形　　　图13.26 添加高斯模糊

11 选中模糊图像，将其"不透明度"更改为50%，效果如图13.27所示。

图13.27 更改不透明度

12 同时选中和包装相关的所有图像，按Ctrl+G快捷键将其编组，再按住Alt键向左侧拖动将其复制，并将复制生成的图像等比缩小，如图13.28所示。

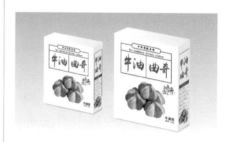

图13.28 复制图像

13 选中稍小的图像，按Ctrl+Shift+E快捷键为其添加高斯模糊效果，最终效果如图13.29所示。

图13.29 最终效果

13.2 时尚科技手提袋设计

◆实例分析

　　本例讲解时尚科技手提袋设计，本例的设计过程比较简单，主要以时尚的科技图形为视觉主题，并通过直观的文字信息表现出手提袋的主题。最终效果如图 13.30 所示。

难　　度：★ ★ ★ ★ ★

素材文件：第 13 章 \ 时尚科技手提袋设计

案例文件：第 13 章 \ 时尚科技手提袋平面效果 .ai、时尚科
技手提袋立体效果 .ai

视频文件：第 13 章 \13.2 时尚科技手提袋设计 .avi

图13.30　最终效果

◆本例知识点

1．"渐变工具"
2．"镜像工具"
3．"偏移路径"命令

◆操作步骤

13.2.1　手提袋平面效果

01 执行菜单栏中的"文件"|"新建"命令，在
弹出的对话框中设置"宽度"为490毫米，"高
度"为250毫米，"颜色模式"为RGB，新建一
个画板。

02 选择工具箱中的"矩形工具"，在画板中
单击，在出现的对话框中将"宽度"更改为
350，完成之后单击"确定"按钮，绘制一个矩
形，将"填色"更改为浅蓝色（R：240，G：
249，B：255），"描边"为无。

03 选中图形，按Ctrl+C快捷键将其复制，再按
Ctrl+F快捷键将其粘贴，将粘贴的图形"填色"
更改为蓝色（R：66，G：126，B：179），再
将其宽度缩小后向左侧平移。选中矩形，按住
Alt+Shift快捷键向右侧拖动至相对位置，如图
13.31所示。

图13.31　复制图形

04 执行菜单栏中的"文件"|"打开"命令，打
开"装饰图形.ai"文件，将打开的素材拖入画板
并适当缩小，如图13.32所示。

图13.32　添加素材

05 选中部分图像，按住Alt键将其复制数份，如
图13.33所示。

图13.33　复制图形

06 选中中间图形，按Ctrl+C快捷键将其复制，
再按Ctrl+F快捷键将其粘贴，按Ctrl+Shift+]快捷
键将其移至所有对象上方，如图13.34所示。

图13.34　复制图形

07 同时选中除左右两侧矩形以外的图形，单击鼠标右键，从弹出的快捷菜单中选择"建立剪切蒙版"命令，将部分图像隐藏，如图13.35所示。

图13.35 建立剪切蒙版

08 选择工具箱中的"文字工具" **T**，添加文字（方正兰亭中黑_GBK、方正兰亭黑_GBK），如图13.36所示。

图13.36 添加文字

13.2.2 手提袋立体效果

01 选择工具箱中的"矩形工具" ▢，绘制一个与画板相同大小的矩形。选择工具箱中的"渐变工具" ▨，在图形上拖动为其填充浅蓝色（R：240，G：247，B：252）到蓝色（R：147，G：192，B：226）的线性渐变，将角度更改为90°，如图13.37所示。

图13.37 绘制图形

02 执行菜单栏中的"文件"|"打开"命令，打开"平面中间部分.ai"文件，将打开的素材拖入画板并适当缩放，如图13.38所示。

图13.38 添加素材

03 选中图像，选择工具箱中的"自由变换工具" ▥，单击画板左上角图标 ▯，将光标移至变形框右下角位置向内侧拖动，将其透视变形，如图13.39所示。

图13.39 将图像变形

04 选择工具箱中的"矩形工具" ▢，绘制一个矩形。选择工具箱中的"渐变工具" ▨，在图形上拖动为其填充灰色（R：225，G：225，B：225）到灰色（R：60，G：60，B：60）的线性渐变，如图13.40所示。

05 选中上一步绘制的图形，选择工具箱中的"自由变换工具" ▥，单击画板左上角图标 ▯，将光标移至变形框右下角位置向内侧拖动，将其透视变形，如图13.41所示。

图13.40 绘制图形

图13.41 将图形变形

06 选择工具箱中的"钢笔工具" ✎，绘制一个三角形，设置"填色"为灰色（R：240，G：249，B：255），"描边"为无，如图13.42所示。

07 以同样方法再绘制一个图形，选择工具箱中的"渐变工具" ▮，在图形上拖动为其填充灰色（R：225，G：225，B：225）到灰色（R：60，G：60，B：60）的线性渐变，如图13.43所示。

图13.42 绘制三角形

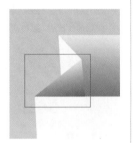
图13.43 绘制渐变图形

08 同时选中两个图形，按住Alt+Shift快捷键向右侧拖动，双击工具箱中的"镜像工具" ▷◁，在弹出的对话框中选择"垂直"单选按钮，完成之后单击"确定"按钮，操作效果如图13.44所示。

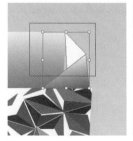
图13.44 复制图形

09 选择工具箱中的"钢笔工具" ✎，在手提袋底部绘制一个不规则图形，设置"填色"为黑色，"描边"为无，如图13.45所示。

图13.45 绘制不规则图形

10 执行菜单栏中的"效果"|"模糊"|"高斯模糊"命令，在弹出的对话框中将"半径"更改为3像素，完成之后单击"确定"按钮，模糊效果如图13.46所示。

图13.45 绘制不规则图形

图13.46 添加高斯模糊

11 选中模糊图像，将其"不透明度"更改为40%，如图13.47所示。

图13.47 更改不透明度

12 选择工具箱中的"椭圆工具" ⬭，将"填色"更改为黑色，"描边"为无，按住Shift键绘制一个正圆图形，如图13.48所示。

13 选中圆形，按住Alt+Shift快捷键向右侧拖动至与原图形相对称位置，如图13.49所示。

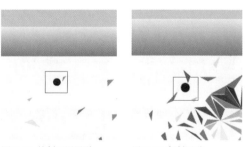
图13.48 绘制正圆图形　　　　图13.49 复制图形

14 选择工具箱中的"钢笔工具" ✎，绘制一条曲线，设置"填色"为无，"描边"为灰色（R：170，G：170，B：170），"描边粗细"为16，如图13.50所示。

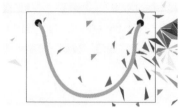

图13.50 绘制曲线

15 选中曲线，执行菜单栏中的"对象"|"扩展"命令，在弹出的对话框中单击"确定"按钮。

16 执行菜单栏中的"对象"|"路径"|"偏移路径"命令，在弹出的对话框中将"位移"更改为－2.5px，完成之后单击"确定"按钮，如图13.51所示。

图13.51 设置偏移路径

17 在图形上单击右键，从弹出的快捷菜单中选择"取消编组"命令，将内部的细线条更改为白色，如图13.52所示。

18 选中白色线条，按Ctrl+Shift+E快捷键为其添加高斯模糊效果，如图13.53所示。

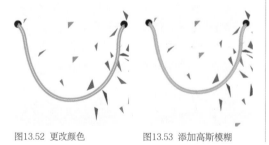

图13.52 更改颜色　　　　　图13.53 添加高斯模糊

19 选择工具箱中的"钢笔工具" ✐，绘制一个不规则图形，设置"填色"为蓝色（R：105，G：122，B：132），"描边"为无，如图13.54所示。

20 选中不规则图形，按Ctrl+Shift+E快捷键为其添加高斯模糊效果，如图13.55所示。

图13.54 绘制不规则图形　　　图13.55 添加高斯模糊

21 选中不规则图形，为其填充蓝色（R：105，G：122，B：132）到透明的渐变，这样就完成了手提袋制作，最终效果如图13.56所示。

图13.56 最终效果

13.3　生鲜鱼肉包装设计

◆实例分析

　　本例讲解生鲜鱼肉包装设计，本例在设计过程中，采用创意的手法，将鱼肉与包装贴纸完美结合，再绘制底盘图像，整个包装的主题性很强。最终效果如图13.57所示。

难　　度：	★★★★
素材文件：第13章\生鲜鱼肉包装设计	
案例文件：第13章\生鲜鱼肉包装贴纸设计 .ai、生鲜鱼肉包装立体效果 .ai	
视频文件：第13章\13.3 生鲜鱼肉包装设计 .avi	

图13.57 最终效果

◆ 本例知识点

1．"椭圆工具"
2．"高斯模糊" 命令
3．"投影" 命令

◆ 操作步骤

13.3.1 鱼肉包装贴纸效果

01 执行菜单栏中的"文件"|"新建"命令，在弹出的对话框中设置"宽度"为250毫米，"高度"为300毫米，"颜色模式"为RGB，新建一个画板。

02 执行菜单栏中的"文件"|"打开"命令，打开"插画.png"文件，将打开的素材拖入画板中并适当缩小，如图13.58所示。

03 选择工具箱中的"文字工具" T ，添加文字（方正兰亭纤黑_GBK、方正兰亭中黑_GBK、Copperplate Gothic Bold），如图13.59所示。

图13.58 添加素材　　　图13.59 添加文字

04 选择工具箱中的"椭圆工具" ，将"填色"更改为黑色，"描边"为无，在左下角按住Shift键绘制一个正圆图形，按住Alt键向右上角拖动复制1份，将复制生成的图形等比缩小，如图13.60所示。按Ctrl+C快捷键复制这两个正圆图形，

05 执行菜单栏中的"文件"|"打开"命令，打开"鱼肉.png"文件，将打开的素材拖入画板中并适当缩小，如图13.61所示。

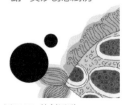

图13.60 绘制图形　　　　图13.61 添加素材

06 将鱼肉图像移至圆形下方，如图13.62所示。

07 同时选中鱼肉图像及圆形，单击鼠标右键，从弹出的快捷菜单中选择"建立剪切蒙版"命令，将部分图像隐藏，如图13.63所示。

图13.62 调整图像顺序　　　图13.63 创建剪切蒙版

08 执行菜单栏中的"文件"|"打开"命令，打开"鱼肉.png"文件，将打开的素材拖入画板中并适当缩小，以刚才同样的方法为其创建剪切蒙版，如图13.64所示。

图13.64 添加素材并创建剪切蒙版

09 按Ctrl+F快捷键粘贴图形，将其"不透明度"更改为20%，如图13.65所示。

图13.65 粘贴图形并更改透明度

10 选择工具箱中的"椭圆工具" ⬭ ，将"填色"更改为无，"描边"为紫色（R：229，G：18，B：63），"描边粗细"为1，在"插画"图像右上角按住Shift键绘制一个正圆图形，如图13.66所示。

11 选中圆形，按住Alt键向上方拖动，将图形复制数份，并依次将图形等比放大，如图13.67所示。

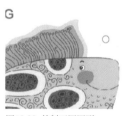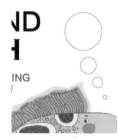

图13.66 绘制正圆图形　　　图13.67 复制图形

12 选中最上方圆形，将其"描边"更改为黑色，按Ctrl+C快捷键复制图形，如图13.68所示。

13 按Ctrl+F快捷键粘贴图形，将其"描边"更改为无，选择工具箱中的"渐变工具" ▦ ，在图形上拖动为其填充紫色（R：229，G：18，B：63）到紫色（R：150，G：39，B：76）的线性渐变，如图13.69所示。

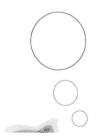

图13.68 更改描边颜色　　　图13.69 粘贴图形并填充线性渐变

14 选择工具箱中的"文字工具" **T** ，添加文字（方正正粗黑简体），如图13.70所示。

图13.70 添加文字

13.3.2 鱼肉包装立体效果

01 执行菜单栏中的"文件"|"新建"命令，在弹出的对话框中设置"宽度"为1000毫米，"高度"为800毫米，"颜色模式"为RGB，新建一个画板。

02 选择工具箱中的"圆角矩形工具" ⬜ ，绘制一个圆角矩形，设置"填色"为灰色（R：242，G：242，B：242），"描边"为无，如图13.71所示。

图13.71 绘制圆角矩形

03 选中圆角矩形，执行菜单栏中的"效果"|"风格化"|"内发光"命令，在弹出的对话框中将"不透明度"更改为20%，"模糊"更改为5px，完成之后单击"确定"按钮，如图13.72所示。

04 选择工具箱中的"椭圆工具" ⬭ ，将"填色"更改为黑色，"描边"为无，绘制一个椭圆图形，如图13.73所示。

图13.72 设置内发光　　　图13.73 绘制椭圆图形

05 执行菜单栏中的"效果"|"模糊"|"高斯模糊"命令，在弹出的对话框中将"半径"更改为16像素，完成之后单击"确定"按钮，如图13.74所示。

06 选中椭圆图像，将其"不透明度"更改为10%，如图13.75所示。

图13.74 添加高斯模糊　　图13.75 更改不透明度

07 选中椭圆图像，按住Alt键拖动将其复制数份，并将部分图像缩小，如图13.76所示。

图13.76 复制图像

08 执行菜单栏中的"文件"|"打开"命令，打开"鱼肉2.png"文件，将打开的素材拖入画板适当位置并缩小，如图13.77所示。

图13.77 添加图像

09 选中上一步添加的图像，按住Alt+Shift快捷键向下方拖动；然后同时选中两个图像，按住Alt+Shift快捷键向左侧拖动，双击工具箱中的"镜像工具"▷◁，在弹出的对话框中选择"垂直"单选按钮，完成之后单击"确定"按钮，操作效果如图13.78所示。

图13.78 复制图像

10 同时选中所有鱼肉图像，按Ctrl+G快捷键将其编组。执行菜单栏中的"效果"|"风格化"|"投影"命令，在弹出的对话框中将"不透明度"更改为40%，"X位移"更改为2px，"Y位移"更改为2px，"模糊"更改为8px，完成之后单击"确定"按钮，如图13.79所示。

图13.79 投影设置

11 执行菜单栏中的"文件"|"打开"命令，打开"贴纸.ai"文件，将打开的素材拖入画板中包装靠左侧位置并缩小，如图13.80所示。

图13.80 添加图像

12 选中托盘图像，执行菜单栏中的"效果"|"风格化"|"投影"命令，在弹出的对话框中将"不透明度"更改为10%，"X位移"更改为2px，"Y位移"更改为2px，"模糊"更改为8px，完成之后单击"确定"按钮，最终效果如图13.81所示。

图13.81 最终效果

经济全球化的今天，包装与商品已融为一体。包装作为实现商品价值和使用价值的手段，在生产、流通、销售和消费领域中，发挥着极其重要的作用，本章特意安排了两个不同类型的包装拓展训练，通过这些练习更加深入地学习包装设计的方法和技巧。

训练13-1 电池包装设计

◆实例分析

本例主要讲解电池包装设计，利用"钢笔工具"配合"锚点工具"，绘制出包装的外轮廓，填充渐变色，通过"羽化"命令，制作出泡罩的包装效果，最后绘制出电池效果，如图13.82 所示。

难　度： ★ ★ ★ ★ ★
素材文件：无
案例文件：第 13 章 \ 电池包装设计 .ai
视频文件：第 13 章 \ 训练 13-1 电池包装设计 .avi

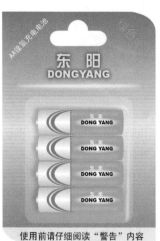

图13.82 最终效果

◆本例知识点

1．"钢笔工具"
2．"锚点工具"
3．"羽化"命令

训练13-2 红酒包装设计

◆实例分析

本例主要讲解红酒包装设计。本例通过渐变背景表现放射径向效果，然后绘制瓶身并粘贴标签，制作出红酒包装效果，如图 13.83 所示。

难　度： ★ ★ ★ ★ ★
素材文件：第 13 章 \ 红酒包装设计
案例文件：第 13 章 \ 红酒包装设计 .ai
视频文件：第 13 章 \ 训练 13-2 红酒包装设计 .avi

图13.83 最终效果

◆本例知识点

1．"钢笔工具"
2．"锚点工具"
3．"变形"命令

第 **14** 章

商业海报设计

本章讲解商业海报设计。海报是视觉传达的表现形式之一，在大多数情况下张贴于人们易见的地方，所以其广告色彩极其浓厚。在制作海报的过程中，以传播的重点为制作中心，使人们理解及接纳海报主题，同时提升海报主题知名度。通过对本章的学习，可以掌握海报的设计重点及制作技巧。

教学目标

了解海报的特点及功能

学习主题海报的设计方法

掌握手绘海报的设计技巧

掌握化妆品海报的设计技巧

◆实例分析

　　本例讲解音乐主题海报设计，在设计过程中，以潮流的激情红作为主题色调，以耳机图像与主题文字信息相结合，整个海报表现出很强的主题风格。最终效果如图14.1所示。

难　度：★★★★
素材文件：第14章\音乐主题海报设计
案例文件：第14章\音乐主题海报设计.ai
视频文件：第14章\14.1 音乐主题海报设计.avi

图14.1 最终效果

◆本例知识点

1. "文字工具" **T**
2. "投影" 命令
3. "建立剪切蒙版" 命令

◆操作步骤

14.1.1 制作背景及主题图像

01 执行菜单栏中的"文件"|"新建"命令，在弹出的对话框中设置"宽度"为8厘米，"高度"为10厘米，"颜色模式"为RGB，新建一个画板。

02 选择工具箱中的"矩形工具" ▢，绘制一个与画板相同大小的红色（R：190，G：29，B：44）矩形。

03 执行菜单栏中的"文件"|"打开"命令，打开"耳机.png"文件，将打开的素材拖入画板适当位置并适当缩小，如图14.2所示。

图14.2 添加素材

04 选择工具箱中的"文字工具" **T**，添加文字（方正汉真广标简体），如图14.3所示。

05 同时选中所有文字，将其更改为与背景相同的红色，如图14.4所示。

图14.3 添加文字

图14.4 更改颜色

06 同时选中所有文字，执行菜单栏中的"风格化"|"投影"命令，在弹出的对话框中将"不透明度"更改为50%，"X位移"更改为0.01px，"Y位移"更改为0.01px，"模糊"更改为0.1px，完成之后单击"确定"按钮，如图14.5所示。

图14.5 设置投影

14.1.2 处理细节元素

01 选择工具箱中的"钢笔工具" ，绘制一条曲线，设置"填色"为无，"描边"为灰色（R:65，G:64，B:66），并将其移至耳机图像下方，如图14.6所示。

图14.6 绘制曲线

02 执行菜单栏中的"文件"|"打开"命令，打开"插头.png"文件，将打开的素材拖入画板适当位置并适当缩小，如图14.7所示。

03 同时选中曲线及插头图像，按Ctrl+G快捷键将其编组，如图14.8所示。

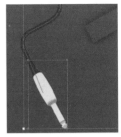

图14.7 添加素材　　　　图14.8 将图像编组

04 同时选中耳机及插头图像，按Ctrl+Shift+E快捷键为其添加投影效果，如图14.9所示。

05 选择工具箱中的"文字工具" ，添加文字（方正汉真广标简体），如图14.10所示。

图14.9 添加投影　　　　图14.10 添加文字

06 选中最下方的矩形，按Ctrl+C快捷键将其复制，再按Ctrl+F快捷键将其粘贴，按Ctrl+Shift+]快捷键将其移至所有其上方，如图14.11所示。

07 同时选中所有对象，单击鼠标右键，从弹出的快捷菜单中选择"建立剪切蒙版"命令，将部分图像隐藏，最终效果如图14.12所示。

图14.11 复制图形　　　　图14.12 最终效果

14.2 化妆品海报设计

◆ 实例分析

本例讲解化妆品海报设计，此款海报在设计过程中，以简洁的设计手法为主，通过清爽的浅色系色彩与漂亮的装饰图像以及清晰的商品图像相结合，整个海报表现出漂亮的视觉效果。最终效果如图 14.13 所示。

难　　度：★★★★
素材文件：第 14 章 \ 化妆品海报设计
案例文件：第 14 章 \ 化妆品海报设计 .ai
视频文件：第 14 章 \14.2 化妆品海报设计 .avi

图14.13 最终效果

◆ 本例知识点

1．"透明度"面板
2．"外发光"命令
3．"矩形工具" ▭

◆ 操作步骤

14.2.1 制作海报背景

01 执行菜单栏中的"文件"|"新建"命令，在弹

出的对话框中设置"宽度"为8厘米，"高度"为10厘米，"颜色模式"为RGB，新建一个画板。

02 选择工具箱中的"矩形工具" ▭，绘制一个与画板相同大小的浅蓝色（R：231，G：245，B：248）矩形。

03 执行菜单栏中的"文件"|"打开"命令，打开"花.jpg"文件，将打开的素材拖入画板适当位置并适当缩小，如图14.14所示。

04 选中花图像，在"透明度"面板中，将其模式更改为正片叠底，如图14.15所示。

图14.14 添加素材　　　　图14.15 更改模式

05 选择工具箱中的"矩形工具" ▭，绘制一个与画板相同大小的蓝色（R：68，G：138，B：187）矩形，如图14.16所示。

06 选中矩形，在控制栏中将其"透明度"更改为50%，如图14.17所示。

图14.16 绘制矩形　　　　图14.17 更改透明度

07 选择工具箱中的"矩形工具" ▭，绘制一个比画板稍小的矩形，设置"填色"为无，"描边"为

白色, "描边粗细"为0.5, 如图14.18所示。

08 执行菜单栏中的"文件"|"打开"命令, 打开"化妆品.png"文件, 将打开的素材拖入画板靠下方位置并适当缩小, 如图14.19所示。

图14.18 绘制矩形　　　图14.19 添加素材

09 选中花图像, 执行菜单栏中的"效果"|"风格化"|"外发光"命令, 在弹出的对话框中将"模式"更改为正常, "颜色"更改为白色, "不透明度"更改为50%, "模糊"更改为0.18px, 完成之后单击"确定"按钮, 如图14.20所示。

图14.20 设置外发光

14.2.2 制作主题元素

01 选择工具箱中的"矩形工具", 绘制一个矩形, 将"填色"更改为白色, "描边"为无, 如图14.21所示。

图14.21 绘制矩形

02 选择工具箱中的"椭圆工具", 将"填色"更改为白色, "描边"为蓝色(R: 0, G: 158,

B: 255), "描边粗细"为0.5, 在刚才绘制的矩形左上方按住Shift键绘制一个正圆图形, 如图14.22所示。

03 选中正圆, 按住Alt+Shift快捷键向右侧拖动, 如图14.23所示。

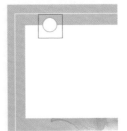 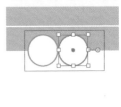

图14.22 绘制正圆图形　　图14.23 复制图形

04 按Ctrl+D快捷键将正圆再复制数份, 如图14.24所示。

05 选择工具箱中的"文字工具"T, 添加文字(黑体), 如图14.25所示。

图14.24 复制图形　　图14.25 添加文字

06 选择工具箱中的"矩形工具", 在刚才添加的最下方一行文字左侧绘制一个细长矩形, 将"填色"更改为蓝色(R: 68, G: 138, B: 187), "描边"为无, 如图14.26所示。

07 选中矩形, 按住Alt+Shift快捷键向右侧拖动, 如图14.27所示。

图14.26 绘制矩形　　图14.27 复制图形

08 选择工具箱中的"矩形工具"，绘制一个矩形，将"填色"更改为蓝色（R：68，G：138，B：187），"描边"为无，如图14.28所示。

09 选择工具箱中的"文字工具"，添加文字（黑体），如图14.29所示。

10 选择工具箱中的"矩形工具"，绘制一个与画板相同大小的任意颜色矩形，如图14.30所示。

11 同时选中所有对象，单击鼠标右键，从弹出的快捷菜单中选择"建立剪切蒙版"命令，将部分图像隐藏，最终效果如图14.31所示。

图14.28 绘制矩形

图14.29 添加文字

图14.30 绘制矩形

图14.31 最终效果

14.3 手绘主题海报设计

◆实例分析

本例讲解手绘主题海报设计，在设计过程中，以手绘的形式表现出节日狂欢的特点，完美地表现出海报主题。最终效果如图14.32所示。

难 度：★★★★★
素材文件：第14章\手绘主题海报设计
案例文件：第14章\手绘主题海报设计.ai
视频文件：第14章\14.3 手绘主题海报设计.avi

图14.32 最终效果

◆本例知识点

1. "自由变换工具"
2. "透明度"面板
3. "偏移路径"命令

◆操作步骤

14.3.1 制作主题背景

01 执行菜单栏中的"文件"|"新建"命令，在弹出的对话框中设置"宽度"为8厘米，"高度"为10厘米，"颜色模式"为RGB，新建一个画板。

02 选择工具箱中的"矩形工具"，绘制一个矩形，将"填色"更改为白色，"描边"为无，如图14.33所示。

03 选中矩形，选择工具箱中的"自由变换工具"，将光标移至变形框右侧位置向上拖动，将其斜切变形，如图14.34所示。

图14.33 绘制矩形

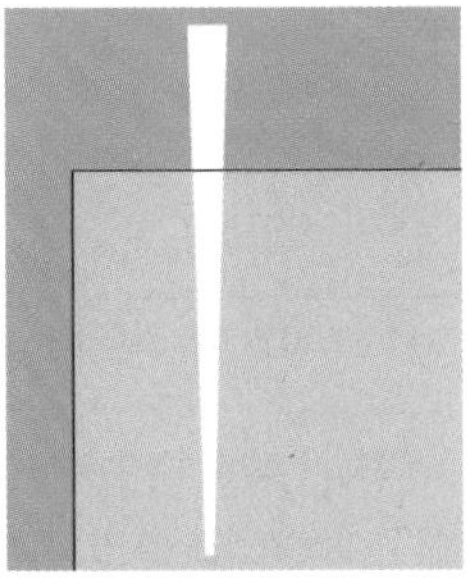

图14.34 将图形变形

04 选择工具箱中的"旋转工具"↻，在图形底部按住Alt键单击更改其定位点，在弹出的对话框中将"角度"更改为-10°，单击"复制"按钮复制图形，如图14.35所示。

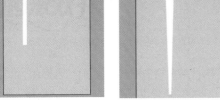

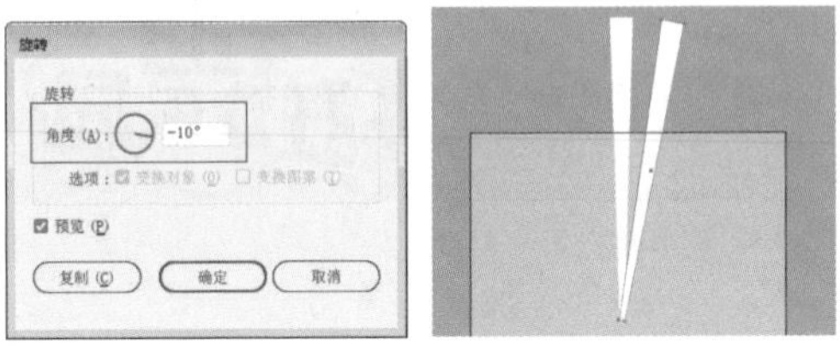

图14.35 复制图形

05 按Ctrl+D快捷键将图形复制多份，如图14.36所示。

图14.36 复制图形

06 同时选中所有图形，执行菜单栏中的"效果"|"扭曲和变换"|"扭转"命令，在弹出的对话框中将"角度"更改为40°，完成之后单击"确定"按钮，如图14.37所示。

07 选中扭转后的图形，在"透明度"面板中，将其模式更改为叠加，"不透明度"更改为40%，如图14.38所示。

图14.37 设置扭转

图14.38 更改模式和不透明度

08 选择工具箱中的"钢笔工具"✐，绘制一个云朵图形，设置"填色"为深灰色（R：65，G：45，B：54），"描边"为无，如图14.39所示。

09 选中云朵图形，按Ctrl+C快捷键将其复制，再按Ctrl+F快捷键将其粘贴，按Ctrl+Shift+]快捷键将其移至所有对象上方，再将其填充更改为白色并等比缩小，如图14.40所示。

图14.39 绘制云朵图形

图14.40 复制图形

10 选择工具箱中的"钢笔工具"✐，在两个图形交叉的左侧位置绘制一个不规则图形，制作出云朵褶皱效果，设置"填色"为深灰色（R：65，G：45，B：54），"描边"为无。以同样方法在其他位置绘制相似图形，如图14.41所示。

图14.41 绘制图形

11 选择工具箱中的"钢笔工具" ✐，在云朵图形周围再次绘制数个深灰色（R：65，G：45，B：54）不规则图形，如图14.42所示。

图14.42 绘制图形

14.3.2 制作主题文字

01 选择工具箱中的"文字工具" T，添加文字。同时选中所有文字，在文字上单击鼠标右键，从弹出的快捷菜单中选择"创建轮廓"命令，如图14.43所示。

02 选中添加的文字，选择工具箱中的"自由变换工具" ▥，将光标移至变形框右侧位置向上拖动，将其斜切变形，如图14.44所示。

图14.43 添加文字

图14.44 将文字变形

> **提示**
>
> 选择工具箱中的"自由变换工具" ▥之后，需要单击▥图标才可以将文字任意变形。

03 选中添加的所有文字，执行菜单栏中的"对象"|"路径"|"偏移路径"命令，在弹出的对话框中将"位移"更改为0.1px，完成之后单击"确定"按钮，如图14.45所示。

04 将原文字更改为白色，如图14.46所示。

图14.45 设置偏移路径

图14.46 更改文字颜色

05 执行菜单栏中的"效果"|"风格化"|"投影"命令，在弹出的对话框中将"X位移"更改为0.01px，"Y位移"更改为0.01px，"模糊"更改为0.05px，完成之后单击"确定"按钮，操作效果如图14.47所示。

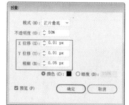

图14.47 设置投影

14.3.3 添加装饰元素

01 选择工具箱中的"文字工具" T，添加文字（汉仪小麦体简 Regular），如图14.48所示。

02 选择工具箱中的"钢笔工具" ✐，在画板左上角绘制一条曲线，设置"填色"为无，"描边"为深灰色（R：65，G：45，B：54），"描边粗细"为0.5。单击"描边"，在弹出的面板中勾选"虚线"复选框，将数值更改为1，效果如图14.49所示。

图14.48 添加文字

图14.49 绘制曲线

03 选择工具箱中的"椭圆工具" ⬭，将"填色"更改为深灰色（R：65，G：45，B：54），"描边"为无，绘制数个细长的大小不一椭圆图形并适当旋转，如图14.50所示。

图14.50 绘制椭圆

04 选择工具箱中的"文字工具" **T**，添加文字（汉仪小麦体简 Regular），如图14.51所示。

图14.51 添加文字

05 选择工具箱中的"钢笔工具" ✐，在画板右下角绘制一条曲线，设置"填色"为无，"描边"为深灰色（R：65，G：45，B：54），"描边粗细"为0.5。单击"描边"，在弹出的面板中勾选"虚线"复选框，将数值更改为1，效果如图14.52所示。

06 执行菜单栏中的"文件"|"打开"命令，打开"插画.png"文件，将打开的素材拖入画板底部位置并适当缩小，如图14.53所示。

图14.52 绘制曲线

图14.53 添加素材

07 选择工具箱中的"钢笔工具" ✐，绘制一个闪电图形，设置"填色"为深灰色（R：65，G：45，B：54），"描边"为无，将闪电图形复制1份并等比缩小，如图14.54所示。

图14.54 绘制及复制闪电图形

08 选择工具箱中的"矩形工具" ▢，绘制一个与画板相同大小的矩形，如图14.55所示。

图14.55 绘制矩形

09 同时选中所有对象，单击鼠标右键，从弹出的快捷菜单中选择"建立剪切蒙版"命令，将部分图像隐藏，最终效果如图14.56所示。

图14.56 最终效果

14.4 拓展训练

　　海报是视觉传达的表现形式之一，通过版面的构成在第一时间内将人们的目光吸引，并获得瞬间的刺激。本章安排了两个拓展训练供读者练习，以巩固本章所学到的知识。

训练14-1 房地产吊旗海报设计

◆实例分析

　　本例主要讲解房地产吊旗海报设计。本实例首先利用"矩形工具"绘制矩形，然后利用"钢笔工具"绘制白条，并通过多重复制，复制出多个白条效果，通过添加符号并编辑符号，制作出枫叶效果，最后绘制圆环并添加文字，完成整个吊旗广告的设计。最终效果如图14.57所示。

难　度：★★★
素材文件：第14章\房地产吊旗海报设计
案例文件：第14章\房地产吊旗海报设计.ai
视频文件：第14章\训练14-1 房地产吊旗海报设计.avi

图14.57 最终效果

◆本例知识点

1. "旋转工具"
2. "路径查找器"面板
3. "符号"面板

训练14-2 4G网络宣传招贴海报设计

◆实例分析

　　本例主要讲解4G网络宣传招贴海报设计，设计师大胆地将雨伞过分夸大，产生升空的效果，并以"矩形工具"和"粗糙化"命令制作出飘带的形式，详细列出4G网络的应用，展现新奇与变化的创意设计效果。最终效果如图14.58所示。

难　度：★★★★
素材文件：第14章\4G网络宣传招贴海报设计
案例文件：第14章\4G网络宣传招贴海报设计.ai
视频文件：第14章\训练14-2 4G网络宣传招贴海报设计.avi

图14.58 最终效果

◆本例知识点

1. "直线段工具"
2. "粗糙化"命令
3. "创建轮廓"命令